JING

SHAN

TEA

主编：杭州市余杭区茶文化研究会

撰文：张海龙　韩星孩　吕　煊

　　　潘向黎　鲁　敏　伍佰下　陆　梅

　　　袁　敏　苏沧桑　陆春祥　周半农

摄影：刘焕根　徐昌国　潘劲草　张金伟　韩星孩

　　　孙新尖　贺勋毅　王　伟　潘宪勤

装帧设计：杨　楠

吃茶去

径山

杭州市余杭区茶文化研究会

— 主编 —

ZHEJIANG UNIVERSITY PRESS
浙江大学出版社
· 杭州 ·

图书在版编目（CIP）数据

径山吃茶去/杭州市余杭区茶文化研究会主编. --
杭州：浙江大学出版社，2023.9
ISBN 978-7-308-24134-2

Ⅰ.①径… Ⅱ.①杭… Ⅲ.①茶文化－余杭区 Ⅳ.
① TS971.21

中国国家版本馆 CIP 数据核字 (2023) 第 164139 号

径山吃茶去

杭州市余杭区茶文化研究会　主编

责任编辑	平　静
责任校对	闻晓红
装帧设计	杨　楠
出版发行	浙江大学出版社
	（杭州市天目山路 148 号　邮政编码　310007）
	（网址: http://www.zjupress.com）
印　　刷	杭州供销印刷有限公司
开　　本	880mm×1230mm　1/32
印　　张	8
字　　数	152 千
版 印 次	2023 年 9 月第 1 版　2023 年 9 月第 1 次印刷
书　　号	ISBN 978-7-308-24134-2
定　　价	68.00 元

径山茶是金名片
金钥匙
也是金叶子

沈昱 | 杭州市余杭区政协党组书记、主席
杭州市余杭区茶文化研究会会长

北京时间 2022 年 11 月 29 日晚，在摩洛哥首都拉巴特，"中国传统制茶技艺及其相关习俗"通过评审，正式列入联合国教科文组织人类非物质文化遗产代表作名录。

杭州的两项国家级非遗项目西湖龙井、径山茶宴，作为"中国传统制茶技艺及其相关习俗"的重要组成部分，双双入选"人类非遗"，成为杭州茶界的"双子星"。

中国是茶的原产地。茶发乎神农氏，闻于鲁周公，兴于唐，盛于宋，一直延续至今，成为风靡世界的三大无酒精饮料（茶、咖啡和可可）之一。

浙江省文物考古研究所、中国农业科学院茶叶研究所于2015年在杭州联合发布,在浙江河姆渡文化田螺山遗址的考古发掘中,出土了距今六千年左右的山茶属茶种植物的树根遗存。经鉴定,这是迄今为止中国境内考古发现最早的人工种植茶树遗存,把中国种植茶树的历史由过去认为的距今约三千年,上推到了约六千年。

浙江人在一万年前就驯化了野生稻谷,在六千年前更驯化了野生茶树,一食一饮之间都映照出中华文明的光辉,更影响了江南今日经济的富庶与文化的繁盛。

"茶为国饮,杭为茶都",中国人爱饮茶,杭州更是径山茶的风水宝地。

当前,余杭正在建设良渚文化大走廊,迭代构建包括杭州城西科创大走廊、五千年发展轴在内的"两廊一轴"发展空间新格局。其中,五千多年的良渚文化牵头,将与两千多年的运河文化、一千多年的径山文化、双千年的古镇文化、苕溪文化以及现代数字文化等展示点串珠成链,志在以文化兴盛赋能城市全面发展。

在良渚文化大走廊上,径山文化是一颗明珠,这里是日本临济宗和日本茶道之源,径山万寿禅寺更在南宋被列为禅宗"五山十刹"之首,是中国官寺制度中最高的皇家寺院。与之相关的径山茶,是余杭文化的"金名片",也是乡村振兴的"金钥匙",

更是实现共富的"金叶子"。

余杭径山茶具备高贵的血统，也有着卓尔不凡的品质，还代表着文化输出的母体。无论从其茶的产地、生态、品质、品种，还是从茶的饮用、仪式、延展等方面来看，它都在中国茶史上拥有至高的地位与厚重的积淀，未来也必定有着巨大的发展空间。

"真色、真香、真味"，是径山茶的品牌追求。目前，径山茶品牌价值超过 31 亿元，总产值达 50 亿元，带动了 3.7 万人增收致富。径山茶通过"茶文旅"融合，还带动农产品销售总额突破 13 亿元。风雅与非遗之外，径山茶已经成为推进乡村振兴的支柱产业、推动高质量发展的重要引擎、实现共同富裕的有力保障。

金名片是品牌，我们要反复擦亮；金钥匙是路径，我们要走好走活；金叶子是产品，我们要产业升级。径山茶，千年前落地生根，千年后仍要开枝散叶。

让我们以径山为原点，感受一下这盏茶的 N 种喝法与滋味。

径山吃茶去，吃的是文化。

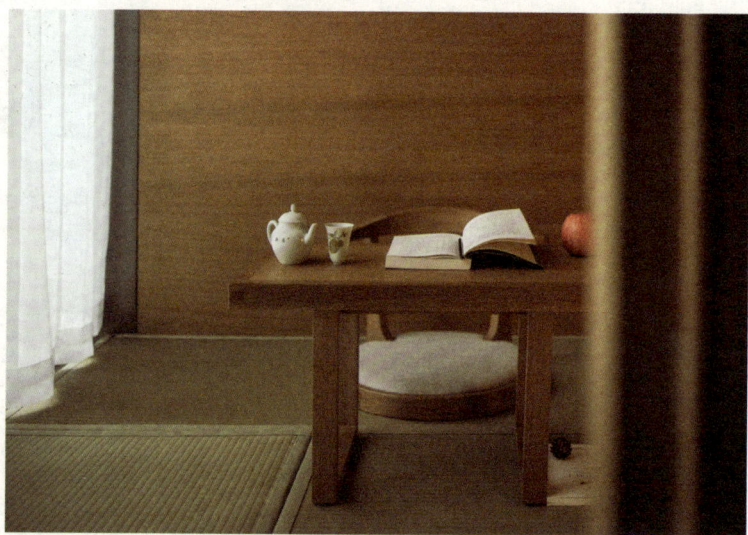

| 第一章 | 千年等一回，人类非遗茶：
西湖龙井、径山茶宴，从此日月同辉 |

〇〇三 从山巅到周边：直上天目，放眼天下

〇一三 从茶宴到茶道：草木为本，礼仪至上

〇二五 从唐风到宋韵：上山拜佛，下山吃茶

〇三七 从西湖到径山：湖山对望，一期一会

　　·祈福茶：行遍曲径，尽是坦途

　　·破执茶：坐，请坐，请上坐

　　·冷泡茶：汲泉品茗，清冽入心

　　·行脚茶：建盏随身，行走江湖

〇五三 从茶寮到茶疗：和自然推杯，与自己换盏

　　·围炉茶：红装扫雪，坐煮香茶

　　·餐中茶：人生一世，吃喝二事

　　·花样茶：春夏秋冬，怎么都行

　　·疗愈茶：美食、祈祷与恋爱

| 第二章 | 一茶一知己，养心养生茶：
世界很小，径山很大，万事都可放下 |

| ○七九 | 且把世界放下：径山来点茶，感知风雅宋 |

· 村之茶：山巅一寺，山脚一村

· 宋之茶：柴米油盐，生活之上

· 醒来茶：一生一世，一梦一醒

| 一○五 | 跟着时光吃茶：申时七碗茶，习习清风生 |

· 申时茶：七碗受至味，中式下午茶

· 时辰茶：从早到晚，应时而动

· 时令茶：春夏秋冬，各饮其味

· 空间茶：诗意栖居，何事惊慌

· 山野茶：游历山水，随处吃茶

| 一一九 | 三生有幸相见：遇见即一生，共赴鲜爽境 |

· 养茶人：望得见山，看得见水

· 追梦人：美丽乡村，时尚野营

· 研茶人：或油或酒，可鲜可甜

| 第三章 | 径山茶情诗，古今诗意茶：
我昔尝为径山客，至今诗笔余山色

| 一三五 | 与古人对饮：当法钦遇上径山
| 一三九 | 与湖山对望：当东坡登上径山
| 一四七 | 与泥土对应：当烂石唤醒春意
| 一五三 | 与时光对映：当名茶彰显盛世
| 一五七 | 与山水对影：当好茶邂逅好水
| 一六一 | 与非遗对谈：当老树绽放新花

| 第四章 | 妙笔生花处，千种茶意象：
山名一径通天目，名家走笔径山茶

| 一七五 | 茶是径山茶　道是径山道　／潘向黎
| 一八一 | 在径山看几朵花　／鲁敏
| 一八五 | 白云自去来　／伍佰下
| 一九五 | 山中何所有　／陆梅
| 二○三 | 径山看云　／袁敏
| 二一一 | 去山里看海　／苏沧桑
| 二二一 | 陆之羽泉　／陆春祥
| 二三一 | 清芳袭人径山茶　／周半农

禅语说：

空持百千偈，不如吃茶去。

那么，

空谈非遗茶，不如吃茶去。

来杭州，游西湖、上径山，

这才是爱茶之人

必做的两门功课。

湖山对望，何事惊慌？

且慢，且吃茶。

第一章

千年等一回
人类非遗茶

西湖龙井、径山茶宴
从此日月同辉

文·张海龙

从山巅到周边：
直上天目，放眼天下

位于余杭区径山镇的径山，系天目山脉东北峰，因两条小径盘旋直上天目山而得名。径山古木参天，茂林修竹，泉水淙淙，云雾蒸蒸，幽雅雄伟，为绝佳风水宝地。

径山山巅，有唐代古刹万寿禅寺，为南宋"五山十刹"之首，也是日本佛教临济宗祖庭。寺中"径山茶宴"闻名遐迩，此后传入日本，成为茶道源头。

径山位于德清、安吉、临安、余杭的中心位置，从山巅到周边，径山茶产地其实辐射了余杭区径山镇、余杭街道、闲林街道、中泰街道、黄湖镇、鸬鸟镇、百丈镇、瓶窑镇、良渚街道等9个行政区域，就连仁和街道的烘青豆茶其实采用的也是径山茶。

径山茶所及之地，拥有"低丘缓坡、山谷茶园"的独特生态资源，森林覆盖率达70%，既是杭城西部的生态屏障，也是"大径山乡村国家公园"的核心区域，还是"山上山下、寺内寺外、大小径山、规划规则"的结合典范，更是"美丽中国"先行区的生态样板。

径山茶细嫩有毫，色泽青翠，香气清高，滋味鲜醇，汤色黄

绿，叶底明亮。品尝径山茶有三重境界：头杯茶味平淡，二杯茶味浓郁，三杯茶味醇和。饮罢回味悠长，心情舒畅，疲惫顿消，其品质感源于独特的生态环境、深厚的文化积淀以及精湛的制茶工艺。

独特的生态环境，在于径山直通天目。正如苏东坡所写，"众峰来自天目山，势若骏马奔平川"，径山群峰林立，来自东南的暖湿季风易进难出从而激烈对流，形成了多云雾、多漫射光和长年多雨的生态秘境，有利于径山茶自然品质的形成。所以，径山茶的叶绿素 B 及多种氨基酸丰富，茶叶香气四溢，加之径山上的黄红壤疏松深厚，矿物质和微量元素丰富，成为径山茶独特品质的物质基础。

　　深厚的文化积淀，在于径山天下独步。径山茶文化自茶圣陆羽（733—804）著《茶经》开始，经日本高僧传播，从此走向世界。竹山、清泉和云雾孕育了径山茶特有的品质，名人、名寺和名典赋予了径山茶丰富的内涵，茶艺、茶宴和茶道彰显了径山茶深厚的文化。径山的山、水、茶、寺、禅、经、文相依相存，文化积淀源远流长，博大精深。

　　精湛的制茶工艺，在于径山天下独绝。径山茶为条索纤细的卷曲型毛峰，采摘标准为一芽一叶或一芽二叶初展，经通风摊放、高温杀青、理条整形、精细揉捻、炭火烘干制作而成。其青青色泽、悠悠清香、丝丝甘甜，让人感受到天女散花的形态美、西子浣纱的含蓄美、禅茶一味的融合美，让人饮茶间达到忘

我、放松、神游的状态和境界。

从山巅到周边，径山茶其实无处不在。

千年古邑，余跃未来——这是余杭街道5500亩茶园的革故鼎新之道，2000多年前余杭最早的县治就设立于此；闲居林下，好山好水——闲林街道的江南茶叶市场年销售量超过5100吨，午潮山国家森林公园与千岛湖配供水工程汇聚于此；绿韵中泰，万亩茶园——中泰街道枫岭、双联、泰峰三村合璧，形成了一片郁郁葱葱、生机浩瀚的"茶三角"；人间青山，烟火黄湖——黄湖街道王位山上的里坞甘露顶茶园生机盎然，艺术乡建在茶香氤氲中展开；人与青山，互相成就——每年春天鸬鸟镇都被漫山遍野的生机刷屏，余杭第一高峰鸬鸟山上，茶园、梨林与麦田相映成趣。

从传统到现代，径山茶正在悄然转变。

历久弥新，余韵悠长——径山茶的颜色已从单纯的绿色变为丰富的彩色。每到深秋，"桂花红茶"总是供不应求，而抹茶拿铁、抹茶雪花酥、抹茶软曲等也都成为"爆款"，更有拼配而成的天然花草茶受到年轻人的青睐。茶企变庄园，茶园成公园，生态茶园与千亩花海相映成趣，红色文化与人文景区串珠成链。一杯径山茶，浓缩的是"绿水青山就是金山银山"的发展成果，品出的是"百姓富生态美"的好味道。

从余杭到全国，径山茶走遍千山万水。

2022 年，热播古装剧《梦华录》引发了一波"径山茶"热。在"国潮茶生活"主题论坛上，中国工程院院士刘仲华说，好茶的标准有"安全、好看、好喝、健康、文化"五条，径山茶全部具备。径山茶入选第六届世界浙商大会，又让这杯有着"千年等一回"的时光之茶，对应了"走遍千山万水、说尽千言万语、想尽千方百计、吃尽千辛万苦"的浙商"四千"精神。

从余杭到世界，径山茶正在香飘远方。

这杯历经"千回百转"的径山茶正在走向世界。从唐宋起，径山茶事就有世界影响。在新时代，径山茶也有了国际表达。2022 年 12 月 15 日晚，美国纽约时代广场的巨幅电子屏上，径山茶精彩亮相。十位活跃在世界各地的华侨华人被聘担任径山茶文化全球宣传大使。法国人路明是径山茶的"铁杆粉丝"，他正在余杭区茶文化研究会的支持下筹办一档"老路说径山茶"的短视频节目。他说，要让更多像他这样的"老外"，爱上径山茶，爱上中国茶文化。

禅语说：空持百千偈，不如吃茶去。那么，空谈非遗茶，不如吃茶去。来杭州，游西湖、上径山，这才是爱茶之人必做的两门功课。

湖山对望，何事惊慌？且慢，且吃茶。

从茶宴到茶道：
草木为本，礼仪至上

径山茶宴入选人类非遗，凭借的是三千威仪的禅茶仪式。

径山茶宴起源于余杭径山寺，唐代法钦禅师（714—792）在径山开山种茶，以茶醒神助禅，茶宴逐渐形成。宋代，茶宴已融入僧堂生活和禅院清规，仪式规程被严格规范下来，并流传至日本，成为日本茶道之源，对国际茶文化的交流起到重要的桥梁和纽带作用。

径山茶宴历经千年变迁，留下许多名篇华章、轶事佳话，造就了熔名山名寺、禅学茶艺、诗文书画于一炉的径山禅茶文化。径山茶宴，又称径山茶礼、径山茶会，是径山寺接待贵宾的大堂茶会。茶宴在径山寺明月堂举办，其主人为径山寺当任住持。

茶宴举办前，要在堂外张贴"茶榜"；在茶鼓声中，僧客入场；茶鼓声止，住持缓步入堂，拈香礼佛，行三触礼；上香后，住持入席首座，僧客依次正身端坐。

茶台上，茶头煎汤点茶、备盏分茶，并依次奉茶于众人席前；宾主师徒进行问答交谈，称为"参话头"。说偈毕，住持与宾客取盏，闻香、观色、举盏、吃茶。结束时，住持起身上香礼佛，

径山茶宴

上图：张茶榜　下图：击茶鼓

上图: 恭请入堂　下图: 礼茶敬佛

上图: 煎汤点茶　下图: 备盏分茶

说偈吃茶

主宾之间行礼道别，退堂。

　　径山茶宴融合了禅院清规、儒家礼法等，是中国禅门清规和茶会礼仪结合的典范。千百年来，径山茶宴在代代传习中形成了独具一格的风格特征：

　　依时如法。煎点茶汤，各依时节；堂设威仪，并须如法。
　　主躬客庄。仔细请客，躬身问询；闻鼓请赴，礼须矜庄。
　　清雅融和。格高品逸，古雅清绝；礼数殷重，不宜慢易。
　　禅茶一味。佛门高风，禅院清规；和尚家风，僧俗圆融。

　　径山茶宴，于2011年被列入第三批国家级非物质文化遗产代表性项目名录，主要是通过历代师徒授受和十方住持衣钵相传而代代传承，茶道具也被当作传法凭信传承下来。在径山寺的下属寺院和周围村镇中，也依照传统礼俗程式来接待宾客。

　　径山茶汤会，则是径山茶宴的民间版。从径山万寿禅寺拾级而下，漫步禅茶第一村，十分美景半是绿，一川秀色伴溪水。径山茶炒制技艺、茶筅制作、抹茶制作技艺等非物质文化遗产在青山绿水的滋养下，焕发出全新生命力。

　　古有茶圣陆羽采茶觅泉，于苕溪之畔煮茶著经；今有径山茶人俞荣华，于径山脚下还原宋韵茶生活。余杭区径山茶炒制技艺非遗传承人俞荣华，从2012年开始，一头钻进民间版径山茶宴——径山茶汤会的筹办事务中。在径山寺大师父的指导下，俞荣华联合众多茶业人士创编茶宴仪式，小至石磨、建盏、茶筅等工具，大到整个茶宴的礼制流程，茶人们精益求精，潜心摸索茶宴的展现形式，有效地提升了径山茶的文化附加值。

　　礼仪至上，其实是径山茶宴乃至径山茶汤会的非凡价值。

径山茶汤会

径山茶汤会

唐·陆羽撰《茶经》卷上

茶者，南方之嘉木也。一尺、二尺乃至数十尺。其巴山峡川，有两人合抱者，伐而掇之。其树如瓜芦，叶如栀子，花如白蔷薇……

从唐风到宋韵:
上山拜佛,下山吃茶

都说禅茶一味,禅是心之顿悟,茶是草木灵芽。

"茶者,南方之嘉木也。"此语精辟,出自茶圣陆羽的《茶经》。

法钦,比陆羽年长 19 岁,今江苏昆山人,早年中过乡举,后拜高僧为师。高僧嘱法钦去余杭投奔龙泉寺,并告诉他须"乘流而行,遇径即止"。

唐天宝元年(742),法钦沿溪而来,游至临安东北山下,不知山为何名,乃问路樵夫。樵夫放下手中斧子答:此天目山之径路,谓之径山。

法钦顿悟行止之要义,便在山顶开山结庵,传法修行,手植茶树数株,采摘嫩叶,烘制后供佛待客。每年谷雨前后,寺僧皆采摘制茶,以小缶贮藏送人。

禅与茶向来关系密切,"丛林"中最重视的就是茶礼,向来有"谢茶不谢食"之说。"青山个个伸头看,看我庵中吃苦茶",因的就是茶能提神,利于修身养性。

径山顶峰特殊的小气候,让这里的茶品质尤为出众。彼时,

法钦禅师

"茶道大行，王公朝士无不饮者"，无日不茶成为禅寺生活之景，径山寺便用这芳香四溢的茶招待往来宾客。

"上元初，结庐于苕溪之湄，闭门对书，不杂非类，名僧高士，宴谈永日，常扁舟往来山寺。"公元 760 年，27 岁的陆羽也慕名而来，在苕溪之畔隐居，写成传世名著《茶经》，使茶由饮而艺而道，从此终成"茶圣"。

公元 768 年，唐大历三年，法钦奉诏入京，被唐代宗赐号"国一禅师"。次年，法钦回归径山，唐代宗下旨建寺，由此，径山寺从民办变成官办。推崇"禅茶一味"之道的法钦禅师，从此成为"佛供茶"的开创者，径山也成为江南禅茶的源头。

径山寺僧人所以饮茶，乃在于认为"茶有三德"：坐禅时通夜不眠，清心；满腹时帮助消化，解腻；动心时抑制欲望，克己。

今天，杭州人喝绿茶似乎并不讲究：随便抓上一撮茶叶放入杯里，然后提起一只竹壳暖壶用开水冲泡即可。可是，就是这"随便一抓"也是有说法的——一直到明代，杭州人才首创了此种"撮泡法"。那时，茶团、茶饼进贡早已取消，茶叶都是散茶。所谓"撮泡法"，就是不将散茶碾成粉末，而是直接抓一撮茶叶放入壶或杯中，用沸水沏泡，当时即可饮用。这种方法不仅简便，而且保留了绿茶特有的清香，所以直到今天还广为采用。

而径山茶宴，则很好地将流行于宋朝的点茶法从日常生活上升到宗教仪轨层面，甚至远播日本形成茶道，成为国际文化交流载体，是中国茶文化深厚内涵的代表。

南宋时期，径山之巅的万寿禅寺被列为"五山十刹"之首，高僧辈出，名士云集，寺院接待贵客上宾的大堂茶会应运而生。径山茶宴分为张茶榜、击茶鼓、恭请入堂、礼茶敬佛、煎汤点

茶、备盏分茶、说偈吃茶、谢茶退堂等十多道仪式程序，宾主或师徒之间以茶参禅，以茶悟道，感受"茶禅一味"的魅力，堪称最具仪式感的喝茶之法。

山巅有禅寺，山下有禅村，由禅入茶，正可取"上山拜佛，下山吃茶"之雅兴。吃茶之法，万千变化，法无定法，可上投、中投、下投，一芽一叶都是春意思。

从径山万寿禅寺拾级而下，漫步于山下禅茶第一村，眼前十分美景一川秀色。径山茶炒制技艺、茶筅制作技艺、抹茶制作技艺等一系列非物质文化遗产，都在这青山绿水的滋养下，焕发出全新的生命力。

每年春茶季，径山寺都会迎来一波波日本茶人。他们都会把当年的第一杯茶放在这里冲泡，诚意供奉径山寺开山祖师法钦禅师。

茶虽微物，其道甚大：茶为苦谛，饮须静心；以凡为尊，放下扯脱。

这就是茶的秘密：人生草木间，万物皆云烟。

所以，接过茶来，都当一叩一拜。

这是日常生活中的茶礼。

从西湖到径山：
湖山对望，一期一会

● 祈福茶：行遍曲径，尽是坦途

茶是草木灵芽，禅是心之顿悟。

径山，与西湖群峰同出天目一脉，更因有双径直上天目山而得名。

径山主峰凌霄峰，海拔 769.2 米，素有"江南第一山"美誉。此地古木参天，雾涌云蒸，向来为绝佳生态秘境，最适宜茶叶与万物生长。

三千威仪一盏茶，万丈红尘一生业。

径山之巅有万寿禅寺，"径山茶宴"为日本茶道之源，更入选"人类非遗"。

古稀茶人李水富，曾跟随金雅芬参与径山茶恢复性开发生产，开办径山第一家民营古钟茶厂，至今种茶制茶 45 年，双手已经浸染草木之灵气。

女儿李飞琴，至今仍守望父亲所植的径山之巅茶园。此处气温低，生长慢，茶品好，清明过后一周方可采茶，是为真正的

"山巅一寺一壶茶"。

漫山遍野茶树，铺展在湖山之间，吸尽了天地灵气。一公斤春茶，至少需要采摘八万枚细嫩芽叶。一盏茶中，该蕴藏着多少万物生长的精华！

G20杭州峰会，各国元首们喝的是茶，更是湖山与风月：人间天堂，杭州之风雅贵在最忆是江南；冠绝草木，径山之奇崛妙在天下更无双。

自古以来，国人饮茶即讲究雅尚清趣，对环境之幽远十分推崇。

陆羽隐居苕溪之畔，身披短褐，脚着藤鞋，深入茶户，采茶觅泉，多有心得。他悉心钻研，撰成《茶经》一书。全书分上、中、下三卷，包括源、具、造、器、煮、饮、事、出、略、图等十节，分别叙述了茶的生产、饮用、茶具、茶事、茶区等。

所以，径山茶的喝法，最重要的就是在何种场景中以何种方式去品茶之真味。

"众峰来自天目山，势若骏马奔平川。" 这是苏东坡从径山古道登临山顶时所见的壮阔风景，其实正可以作为径山吃茶去的第一场景。

径山其意，就是径通天目。始建于唐代的径山古道，长3千米、宽1.5米至2.5米，沿古道一路向上，可见祖心亭、进善亭、钱王弹岩、半山亭、洗心亭、佛圣水、圣寿无疆、望江亭、

十八罗汉台、东坡洗砚池等 10 余处景观，最后经御碑亭而达山顶径山寺，全程大约需步行 1.5 小时，原本就是一条登山祈福之路。

另一条上山的路，则是长 15 公里、拥有 99 个弯道的盘山公路，直通千年古刹径山寺。当我们每个人行遍径山弯路，是否意味着从此人生尽是坦途？

那么，再上径山，就该在山门前喝杯祈福茶。

好茶不怕慢。湖山对望，何事惊慌？

● **破执茶：坐，请坐，请上坐**

空持百千偈，不如吃茶去。

在山水之间自由徜徉，在出入世间自由徘徊。出世入世既是人生境界，也是工作方法。《佛说四十二章经》有云："阿罗汉者，能飞行变化，旷劫寿命，住动天地。"这段经的含义在于：得道者，绝不是身体能随意飞行出神入化，而是心的自由，在天与地、高与低、尊贵与谦卑、出世与入世间，自由切换、变化、出入。

大径山之美，在于顺其自然并且自然而然：春天山花烂漫茗茶香，夏季绿竹清风送阴凉，秋日古树红叶胜春光，寒冬瑞雪纷飞裹银装，四季景色殊异，不可强求一律。

　　径山茶道之礼，是主人注茶，先客后己，半盏为敬，互相致礼，举盏闻香、观色、呷茶、啜饮，啧啧有声，连续四次，称为"行茶"。

　　行茶之道，不可一饮而尽，亦不可急着说话，一为新茶旧茶可以永续，二为万语千言且慢开口。世间万事，何必惊慌，须保持虚空，方得无限。

　　相传，苏东坡一生喜欢游览名山古迹，有次来到径山寺前，想拜见一下方丈。方丈不认识苏东坡，也就平平淡淡地说：坐。然后又对小和尚说：茶。让小和尚去给苏东坡奉茶。苏东坡坐

●●●○

下后，与方丈相谈甚欢。于是，方丈把东坡请到屋内，客气地说：请坐。并且招呼小和尚说：敬茶。当方丈知道此人就是苏东坡以后，恭恭敬敬地把他请入方丈室，用自己的袖子掸了掸太师椅上的尘土，说：请上坐。再吩咐小和尚：敬香茶。

辞别之际，方丈一再希望苏东坡能留下墨宝，为佛门增辉。苏东坡想了想，笑着提笔写下了这样一副对联：坐，请坐，请上坐；茶，敬茶，敬香茶。

这个故事说的是，对人与对茶，都须无分别心。所以佛门弟子剃度三千烦恼丝，而径山茶也只用最普通的烘青之法，求的都是最质朴的"我相"，然后方能"破执"而出。

这杯破执茶，或许应该读着苏东坡的故事来饮：在他生命的最后一刻，径山寺住持维琳禅师陪在身旁。听闻他还有鼻息，维琳就力劝他多念阿弥陀佛，如此方能入极乐世界。

苏东坡却说：着力即差。意思是说，一切随缘莫强求，一执着就不对了。

如此说来，何茶不是香茶？何座不是上座？

● 冷泡茶：汲泉品茗，清冽入心

日本茶道大师千利休曾言："茶道之本，不过烧水点茶而已。"只是，这句话在径山还可以更简单一点，简单到甚至不用

烧水也能泡茶。

汲山泉水，泡径山茶，二物同出一方水土，正是声气相投的绝佳搭档。

只是，世人只图便利快捷地充饥解渴，早就忘了"好茶配好水"的古训。水有泉溪江湖井雨雪各色之分，却只有符合"源活甘清轻"五重标准方算得上沦茶好水。

"源"讲来历，"活"求灵动，"甘"图甜洌，"清"指透澈，"轻"意纯粹。诸水之中以泉为佳，盖因其大多出自重叠山峦，植被茂盛，涓涓细流，砂石过滤，能让茶的色香味得到最大限度的发挥。茶圣陆羽就提出"山水上、江水中、井水下"的用水主张。

径山有堆珠、大人、鹏抟、宴坐、朝阳五峰，山中泉水颇多，以龙井泉、金鸡泉等为胜，又以龙井泉水泡茶为最佳。清代魏源《自天目至径山寺》云："左泉右泉照石影，出谷入谷聆泉声。远石缥青近石碧，大泉钟磬小泉琴。"

宋代著名茶界大师蔡襄游径山时，亦有见泉"甘白可爱，汲之煮茶"记载。据《临安县志》，明代张京元品饮径山茶后赞道："泉清茗香，洒然忘疲。"

径山茶的天下独绝之处，就是可以冷泡。无论你在何处，只要手头有一瓶矿泉水，将径山茶投入瓶中，摇一摇，泡一泡，就可饮用。冷泡1—2小时左右，口感最佳。如果把茶水冰镇后

饮用，夏天就会更解暑。不需泡茶的繁复茶具，冷泡即可饮用，这似乎更符合现代人简约的生活观念。

冷泡径山茶，最佳的选择是直接取用径山山泉，那口感可以用三个字形容：鲜、甜、爽。冷泉冲泡径山茶，不会破坏营养成分，口感也会特别好。以冷泉泡茶释放出的咖啡因含量，只有热水泡茶的一半，特别适合一些喝热茶会睡不着的人饮用。

如果身处酷暑天气的杭州，一壶冷泡径山茶入肚，如同遇上一阵春雨，清新之气一直从喉咙延伸到了胃里。这样的山泉与径山茶，简直就是琴瑟和谐：泉的弱酸性中和了茶的弱碱性，茶汤清亮，茶水甘醇，将径山茶最美的一面，最纯粹地呈现给你。

你中有我，我中有你。你的香郁，必须依赖我的清冽无味。

这才是茶与水的初恋情诗。

● 行脚茶：建盏随身，行走江湖

茶，人生草木间。我们烹水泡茶、读茶解茶的过程，随处都是参悟。

擅长泡茶的行脚僧有一种生活方式，就叫"人自怀挟，到处煮饮"。他们随身都会带着茶和茶器，随时随地，愿煮就煮，愿喝就喝，喝茶时还能顿悟一些禅机。

　　"吃茶去"，早已成为禅宗典故。一句话胜过万语千言，茶禅一味在此相通。一切都来自本心，如果不吃了这盏茶，又怎能了解茶的滋味？

　　行走于人世间，我们每个人其实都是行脚僧，也都有"赵州"要去，却在很多时候忘记了"吃茶去"。那些出差旅行而随身带一只茶盏的人，往往都是有心之人。

　　造物的最高境界，就是巧夺天工，成为天地间的创造者。

　　建盏是天目黑瓷的巅峰之作，创于唐五代，兴盛于南宋，为宋朝皇室御用茶具，中国宋代八大名瓷之一，更是现在流行于我国台湾地区和日本的天目盏之起源。

　　宋代流传到日本的三只曜变天目建盏，被日本视作国宝。

另有一只被三菱集团收藏的曜变天目建盏，被誉为"无上神品"。据说在一次展览中仅保险费就高达 10 亿美元，具体价值不可估量。

自南宋始，日本有许多僧人来径山寺留学修佛，回国时带回了一批当时寺中的茶叶和茶碗，其中就有建窑生产的建盏和天目山自产的黑釉茶碗（天目山南麓的临安於潜镇凌口村一带发现了古窑址 24 处）。日本僧人回国后，将这批茶碗称为天目盏，得到了世人的高度认可和追崇，日本便开始仿制黑釉瓷，但一直未能成功。

南宋嘉定十六年（1223），日本山城人加藤四郎毅然追随

高僧道元禅师前来中国，在福建等地学习制瓷技术 5 年之久。回国后，他相继开窑烧造失败，最后才在日本山田郡的濑户村烧制黑釉瓷成功，被称为日本的陶瓷之祖。

所以，今天我们行走江湖时，还是需要一点小小的仪式感。比如，一只保温杯、一只天目盏、一盒径山茶，这三样东西就如同一座随身携带的小小寺庙，可暖身，可醒神，可省心，可放空，生命就应该浪费在如此美好的事物上。

每逢不快乐，不如吃茶去。

从茶寮到茶疗：
和自然推杯，与自己换盏

　　径山茶适合多种场景。禅，其实也是百搭之物，生活中无时无处不可顿悟。

　　比如，禅和摩托车维修，原本风马牛不相及，却因旅途与思想成就了《禅与摩托车维修艺术》这本奇妙之书：摩托车塑造钢铁，塑造旅行，更塑造骑手，还塑造修摩托车的人。作为人的创造物，摩托车穿行在自然之间，慢慢获得了与风雨相同的脾性与特质。

　　那么，径山茶是否也塑造空间、塑造旅行、塑造茶人、塑造生活、塑造上山的僧人和下山的诗人？而在这一系列互动过程中，"不可说"的生活禅就会自动显现。

　　所谓径山茶的吃茶之境，宜云林精舍，宜松月花鸟，宜清流白云，宜绿藓苍苔，宜永夜清谈，宜寒宵兀坐，宜素手汲泉，宜红装扫雪，宜船头吹火，宜竹里飘烟……若在室内，则需凉台静屋、明窗曲几之类；而犹以野趣为好，或处竹木之阴，或会泉石之间，或对暮日春阳，或沐清风明月。

　　如柳宗元诗"日午独觉无余声，山童隔竹敲茶臼"，如陆游

诗"细啜襟灵爽，微吟齿颊香。归时更清绝，竹影踏斜阳"，如苏轼诗"敲火发山泉，烹茶避林樾"……种种情景下，皆为饮茶之趣。

● 围炉茶：红装扫雪，坐煮香茶

雪落径山静无声，野泉烟火白云间。

2022 年杭州的第一场雪，带来了江南的浪漫，也带火了"围炉煮茶"。

其实，煮茶之道原本就是古人之法。始于唐、盛于宋，有着 1200 多年历史的径山茶，一直就很潮很会玩。"围炉煮茶"能走红，莫如说我们正想重寻古人之风。

根据陆羽《茶经》所述，唐人煮茶除了讲究技艺，还更注重情趣。唐时最有代表性的是饼茶，其次是末茶。无论饼茶还是末茶，都需通过炙、碾、罗、煮等一系列程序后饮用。"饼茶者，乃斫、乃熬、乃炀、乃舂，贮于瓶缶之中"，然后"以汤沃焉"，有的还用葱、姜、枣、橘皮、茱萸、薄荷等，"煮之百沸"后再饮。

到了宋人煎茶之法，则在于通过一套更完整的仪式而成为生活的艺术。在煎茶前，先要用火烘烤茶饼，一为提香，二为碾茶，三为罗茶。

相传，苏轼到杭州第二年后主持乡试，因不满王安石科举之法，难免牢骚满腹。于是在试院里煎起茶来，希望借着煎茶的香气，让自己得到精神上的片刻自由。他还写下了一首著名的《试院煎茶诗》——

蟹眼已过鱼眼生，飕飕欲作松风鸣。

蒙茸出磨细珠落，眩转绕瓯飞雪轻。

银瓶泻汤夸第二，未识古人煎水意。

君不见，昔时李生好客手自煎，贵从活火发新泉。

又不见，今时潞公煎茶学西蜀，定州花瓷琢红玉。

我今贫病长苦饥，分无玉碗捧蛾眉。

且学公家作茗饮，砖炉石铫行相随。

不用撑肠拄腹文字五千卷，但愿一瓯常及睡足日高时。

那么，对照今天，径山脚下，古朴木桌，泥炉炭火，周围摆着红薯、花生、柿子、红枣等，还有盛着中式糕点的陶瓷盘，再加上一盘盘新鲜水果……这样氛围感和仪式感皆有、烟火气和文艺感并存的"出片利器"，年轻人也很难不爱，更多了几分聚会的氛围。

不知从什么时候开始，许多年轻人会专程挑一个时间，装备齐全地来一场正正经经的"围炉煮茶"，来享受这份秋冬的

"仪式感"。

围炉煮茶的乐趣就在于自己动手。经济学上有一个术语叫"禀赋效应",即一个人拥有了某物,则对该物的评价和期望就会比没有拥有时高出许多。当我们自己点燃红泥小火炉、把茶慢慢煮沸之后,我们就会觉得它更香。

林语堂先生在《生活的艺术》中说,中国文士都主张自己烹茶,须用小炉,远离厨房,靠近饮处。"饮茶以客少为贵。客众则喧,喧则雅趣乏矣。独啜曰幽;二客曰胜;三四曰趣;五六曰泛;七八曰施。"寒冬热茶,香气蒸腾,引人神往。围炉煮茶让人欲罢不能的原因,还在于它给人带来的松弛感,是田园般的野趣,是茶气般的松弛。喝茶原本是一件隐秘而私人的事情,但围炉赋予了它新的公众生活的可能性。

围炉煮茶使人放松,正所谓"和自然推杯,与自己换盏"。都说"万丈红尘三杯酒,千秋大业一壶茶"。一直以来,径山脚下就有"围炉煮茶话村事"的习惯,大家围坐在茶亭里,煮一壶径山红茶,聊聊村里的大小事。以前村里都叫"径山茶汤会",改良升级以后,配上好看的茶壶、精致的茶点,既能社交又能品茶。

在径山村,围炉煮茶已是一种时尚,他们煮的就是有着1200多年历史的径山茶,煮的既是一段老时光,也是一种新生活。在径山村,大多数村民庭院里都摆上了炉子,煮着径山

茶，再摆上土豆、年糕、番薯和抹茶点心等茶点，热气腾腾。一拨又一拨客人都选择在这里过冬。

冬天越来越冷，如果你的朋友圈里还没有围炉煮茶，就请到径山来。

● 餐中茶：人生一世，吃喝二事

围炉煮茶之外，径山还有茶餐，把茶做成美食吃下去。

人生一世，吃喝二事，若能把吃饭与喝茶两件事做好，也是一种福报。

大珠慧海禅师的"饥来吃饭，困来即眠"，是禅门传诵的佳话，也成为禅僧恪守的信条。有的高僧甚至将"饥来要吃饭，寒到即添衣。困时伸脚睡，热处爱风吹"当作自己的"四弘誓愿"，其实质即"平常心是道"。

由此而观，杭州实在是座率性之城，人间烟火气极盛，直接把饮茶变作了吃茶。所谓吃茶，就是茶虽为由头，但茶中真相其实是吃，是以每位几十元上百元起的价位，去吃茶馆里摆列成行的食物与水果。无论西湖边、运河畔、径山下，到饭点时就有各类美食奉上，真要让人由衷地感谢生活，也重新认识"柴米油盐酱醋茶"这开门七件事。

其实，这七件事里，径山有两样东西都是原创：一为茶，一为酱。700 多年前，如果日本僧人没有来径山寺学佛，他们很可能至今都不知道酱油的滋味。这虽说是戏谑之语，但日本酱油与径山寺之间，的确有一段渊源。

公元 1249 年，日本僧人觉心（1207—1298）慕名来到径山寺求经学佛。当时的径山寺规模很大，坐落在山巅，远离城镇集市，运输不便，寺中常年所需饮食大多由僧人自种自制，尤擅制作美味可口的素鸡、素鸭、酱菜等。

径山寺豆酱，是在大豆中加入小麦、盐、应季蔬菜等，以米麹发酵而成。觉心在径山寺修行期间，曾在典座寮（厨房）里学会了其制作方法。也许是他认为这种酱特别合日本人的口味，便在回国时将酱的制作方法也带了回去。

觉心回国后，在汤浅町附近的由良町兴国寺担任方丈，向周围的人们弘扬佛法，声望日隆，逐渐形成一个派系——"法灯派"。他在弘扬佛法的同时，也把径山寺豆酱的制作方法传授给了人们。但因配料比例不对，制成的豆酱水分较多，人们品尝汤水后发现味道非常鲜美，于是就这样开始了日本酱油的历史。在日本汤浅町，不少人至今沿袭着传统酿制方法，精心制作酱油。

众所周知，好酱油是美食调味的秘密，所以今日径山除了茶之外，还有众多令人食指大动的美食。一饮一食之间，尽显径山魅力。由宴茶·径山筑推出的径山茶餐共有 20 多道菜，由

10 多位文艺家和厨艺家根据文献古籍共同研发，其中就有茗凤天下、茶汤白玉丸、径山茶香虾、茶汤牛腱子、茶香豆干、红茶炒鸡蛋、抹茶椰奶冻等等创意菜。

所谓"茗凤天下"，茗为茶，凤为鸡，径山茶园走地鸡搭配径山本地茶，用宋式古法煨制 6 小时以上，让茶香味充分渗透进鸡肉纤维中，茶香肉嫩，回味无穷。

径山茶餐不光好吃，也相当好看，因此回头客特别多。

● 花样茶：春夏秋冬，怎么都行

　　抹茶啵啵米、脏脏抹茶、椰香抹茶……它们都叫径山茶。

　　按理说径山茶属于绿茶，通常应该只有春天采茶、喝茶为佳，相对比较受季节的限制，但径山茶却有点儿"不按常理出牌"，一年四季都能玩出新花样。

　　春天是径山茶的出场季节。除了喝上一口鲜爽可口的径山绿茶，还能体验采茶、制茶以及春日踏青之美好。春山茂，春日明，如果要在江南结一段正宗茶缘，不负诗情画意盛春好景，杭州余杭径山绝对是不二之选。

　　夏天也是径山茶的主场时刻。径山茶的优势在于即便冷泡也有甜香的味道，或以农夫山泉，或以龙山山泉冲泡，炎热天气里，谁都难以拒绝一杯冰冰凉凉的冷泡茶。而径山人还会推出各式各样的径山茶 DIY 攻略，如冰泡荔枝径红、红茶蜜桃冻、绿茶茶冻等。

　　秋天是径山茶的花样年华。你一定不要错过"桂香径红"，当甜香的桂花遇上径山红茶，茶香和花香融为一体；再配上径山茶月（径山红茶做的月饼）、径山茶粽（糯米用径山红茶或径山绿茶浸泡，充分吸收了茶多酚的粽子），正是中秋赏月佳品。

　　冬天是径山茶的围炉季和甜品季。围炉小聚更重视的是一种暖融融的氛围，甜品则有径山柚子茶引领潮流，还有原

味、茉莉、金桂等不同口味的径山抹茶。时尚的年轻人还研发了抹茶啵啵米、脏脏抹茶、椰香抹茶等全新茶饮，以及径山抹茶冰激凌。

就是这一片奇妙的东方树叶，带火了径山镇的旅游业。通过"茶文旅"融合，径山茶已实现农产品销售总额13亿余元，预计三产产值近35亿元，其中农文旅营收近7亿元。2022年，来径山镇游玩的游客就达510万人次，旅游收入3.2亿元，人均消费60余元。

径山不拘春夏秋冬，无论何时都可以来吃茶。

● 疗愈茶：美食、祈祷与恋爱

《南方周末》说，如今的城市人群有三大需求痛点：爱美、怕死、缺爱。于是，很多人都来到径山，想在那份静谧的山林中喝一杯"疗愈茶"。

有一部电影的名字叫《美食、祈祷和恋爱》（别名《饭祷爱》）。女主角是一位旅行作家，渴望拥有体贴的丈夫、宽敞的房子、成功的职业。同时，她也像其他女人一样，总是感到一丝丝自我失落、困惑，想要放下眼前的一切，试图寻求自己想要的理想生活。

在结束了一段婚姻后，站在人生十字路口，为了寻求人生

的真谛，她开始周游世界，踏上了一段自我发现之旅。在意大利，虽然人生地不熟，语言又不通，但她拿着词典，放慢脚步，享受美食的愉悦。在印度，她学会了放下，顺其自然，原谅自己。在巴厘岛，她学会了平衡和爱。

其实，今天的年轻人普遍都有这样的需求，当"疗养系酒店"成为中老年人度假目的地时，年轻人正在悄悄成为"疗愈系酒店"忠实的客群。

95后甚至00后，早在小红书上圈定了自己的"乐土"：杭州余杭径山，百年长乐林场，有一处充满森林能量的疗愈酒店"不是居·林"，让人一念放下，万般自在。

不是居通过眼、耳、鼻、舌、身五感体验引导来者觉察当

下，通过沉浸式五感自然疗愈日课传递疗愈系生活方式。便向山林去，身心皆安住，一次生命疗愈之旅，自此开启。

在音钵疗愈日课中，45 分钟的音钵深度睡眠，相当于夜间 3.5 小时深度睡眠；在宋代点茶雅修日课中，将茶文化与疗愈相结合，再现宋朝七汤点茶之法，感受传统美学；其他日课如内观心生、森林探访、静心抄经、云脚禅行、植物手作等，亦是将径山在地文化与林场自然环境用到极致，让你重归身心平衡的健康生活。

疗愈所需的场域与径山这片土地不谋而合，径山是禅茶文化的起源之地，也是遗世独立的静修之地，茶的疗愈美学因此也融入"不是居·林"的点滴之中，公区、客房、日课、风物，无一不细润展现。

径山脚下，禅意之居，一杯径山茶，坐忘森林中。

离尘不离城，让我们找到一条"咏而归"之路。

让我们找回自己——那个熟悉的陌生人。

茶如书，可赏可品，
既是精神食粮，
又是心灵的庇护所。
把心思集中在一杯茶中，
你会慢慢遇见
真正想要的自己。
一茶一知己，
朝暮共清欢。

第二章

一茶一知己
养心养生茶

世界很小，径山很大
万事都可放下

文·韩星孩

天目西来，苕水东流，山浩如海，溪密如网。

青山隐隐，人家点点，满目苍翠，户户茶香。

千年佛世界，万顷茶故乡，蔚蔚 157.08 平方公里茶禅养生大境。

径山是一座山。径山是一座寺。径山是一树茶。

径山更是一种生活，是城市人心心念念的山居，是禅茶一体的养身修心。

世界很小，径山很大。一茶在手，世界且轻轻放下。

●●○○

　　如果你感觉和自己"失联"已久，那么不妨来径山吃茶。

　　径山除了其文化地标径山寺，还有无数的茶园、茶宿、茶空间，有无数的茶人、茶座、茶生活。苏东坡云："从来佳茗似佳人。"茶也可以是你的心灵知己。

　　茶如书，可赏可品，既是精神食粮，又是心灵的庇护所。

　　把心思集中在一杯茶中，你会慢慢遇见真正想要的自己。

　　一茶一知己，朝暮共清欢。

且把世界放下：
径山来点茶，感知风雅宋

茶和径山是一体的。

茶，是很多人和径山的最初约定，也是和风雅宋的最亲密接触。

流长方知源远，相传茶圣陆羽在径山与苕溪一带写下了《茶经》；径山寺，是日本临济宗祖庭，也是日本茶道的源头。一书一道，写下了径山在世界茶叶史上的光辉地位。

白云悠悠，千年已过，山川依然灵秀，茶香依然漫溢。相对于都市的喧嚣，径山依然是一个独特的静美养心世界。

与高山云雾为伴，聚山川灵气，茶，是人和自然交融的一条奇妙门径。

径山人早就知道，茶不仅仅是一片可以吃的树叶。

在唐朝，茶是致敬佛祖的清供。明嘉靖《余杭县志》记载："钦师尝手植茶树数株，采以供佛。逾年蔓延山谷，其味鲜芳，特异他产，今径山茶是也。"

宋以降，茶是文士达官的优雅礼仪，是才子佳人的诗意日常。陆游《临安春雨初霁》云："矮纸斜行闲作草，晴窗细乳戏

分茶。"

重文弱兵的宋朝，让后人悲欣交集，惊叹连连，褒贬不一。但不可否认的是，中国的文雅在那个时期达到了巅峰，"死了也要爱"的那份对生活的爱，那份生活的才华，穿透近千年时光，依然如昨夜星辰，高悬在中国人的集体记忆里。

以杭州为中心的南宋生活，是江南与政治、文化和经济数百年的交融辉映。南宋生活的那份精致与风雅，一直浸染着杭州，已经成为杭州生活的审美基因。

在杭州市中心西侧的径山，有着宋风雅韵的传承和回响，或者说，宋韵文化和当代都市田园乡村交织的生活，正在蓬勃生长之中。

径山吃茶去，正成为杭州、上海等长三角城市的人们休闲生活新风尚。

养生先养心，继而再养身，这也是径山茶的妙处。

● 村之茶：山巅一寺，山脚一村

径山双绝，山巅一寺与山脚一村，即径山寺和径山村。

中国禅茶第一村——径山村，位于径山镇，地处天目山脉东北峰，与径山寺同处大径山风景区，距杭州市区约40公里。

径山村，是一个山多地少，以茶、竹、笋以及乡村旅游为主导产业的美丽乡村。

依托径山寺和径山茶两张金名片，径山村从贫困村变为全国乡村特色产业亿元村，并以《"径灵子"带你游径山 禅村喫茶去》成功入选浙江省首批乡村旅游促进共同富裕案例名单，为杭州市唯一入选案例，全省仅 11 项入选。

径山村，曾入选中国美丽休闲乡村、第一批国家森林乡村、全国"一村一品"示范村镇、全国乡村特色产业亿元村，是省级乡村旅游重点村、浙江省 3A 级景区村，也是茶香四溢的"茶家乐"之村。

径山村以"径山茶宴"的活态展示为契机，将单一的茶产品衍生出多样的茶文化休闲产业。在村中，可漫步，可小坐，品品茶，观赏茶道演艺。

径山茶炒制、南宋点茶、抹茶制作、茶筅制作、茶食制作、茶器制作等各项茶事体验活动，你都可以在此一一尝试。你也可以和径山村的"旅游形象代言人"径灵子合影。机灵可爱的径灵子形象，以"日本茶道之源、陆羽著经之地"为创意设计元素，是径山禅茶文化传承的生动体现。

禅茶飘香的村庄氛围，生出了一批特色鲜明、文化内涵丰富的径山茶精品茶馆。

啜饮时光，一期一会。瓦屋低窗，清泉绿茶。两三人共饮，

得半闲时光，足可抵十年尘梦。真正能抵十年尘梦的物事，世间并不多见，径山村却可提供。

来过径山村的人，都能多享用十年尘梦。

是为村茶可养生的秘密。

● 宋之茶：柴米油盐，生活之上

径山寺与径山村，或许是杭州最具宋韵生活意味的地方之一。

径山茶，正可作为最具宋韵的生活意象。茶为国饮，兴于唐，盛于宋。宋代是历史上茶饮活动最为活跃的时代，饮茶方式也发生了新的变化，唐人煎茶法由于烦琐逐渐被新兴的点茶法取代，今天正可以来径山体验这种"宋之茶"。

所谓点茶，需要先把茶饼经炙烤、碾成细末，投入茶盏，待水初沸时，先注少量水调膏，继而量茶注汤，边注边击拂，使之产生汤花，然后可饮用。

点茶之事，宋徽宗是头号玩家，甚至设席亲自点茶犒赏群臣。他曾说："近岁以来，采择之精，制作之工，品第之胜，烹点之妙，莫不盛造其极。"

就连最不讲究生活享受的王安石也说茶之普及："夫茶之为民用，等于米盐，不可一日以无。"足以想见宋代茶事流行规模之盛大，令人不禁神往。

"碾破香无限，飞起绿尘埃。……两腋清风起，我欲上蓬莱。"这是宋人葛长庚所写《水调歌头·咏茶》中的句子，恰说明了饮茶的美妙感觉。

柴米油盐酱醋茶，在宋代同步也有了升级版，成了琴棋书画诗酒茶。

南宋时期的临安，饮茶之风日盛。吴自牧《梦粱录》记载：临安茶肆布置格调雅致，张挂名人书画、陈列花架鲜花，一年四季"卖奇茶异汤，冬月添卖七宝擂茶、馓子、葱茶……"，到了晚上，还有流动车铺，专应游客点茶不时之需，茶饮买卖昼夜不绝。

今天的径山，仍有这种宋风雅韵，那是传承千年的文化，也是日常生活的美学。

点茶用的末茶，又称作抹茶，其做法是采集春天里的嫩茶叶，用蒸汽杀青后，做成饼茶（即团茶）保存。

茶筅是宋韵抹茶必备茶器，由日本僧人从径山传到日本，逐渐成为日本茶道的主要工具。在中国，自宋朝以后，因为喝茶习惯发生改变，茶筅及其制作技艺逐渐失传。

据茶筅制作技艺非遗传承人陈金信介绍，每年5万份左右的茶筅订单中，国内订单占到60%，客户大多来自杭州、福建、上海、南京，说明今天越来越多的国人都在回归传统文化，想

撵茶图

要从径山茶中找到生活美学。

20世纪90年代初,浙江东阳人陈金信开始尝试复原茶筅,但花了六年时间都做不出一把合格的茶筅。为此,陈金信一路寻访来到径山——日本茶道的发源地,在这里找到了灵感,也从宋徽宗《大观茶论》中找到了茶筅的工艺特征,终于成功复原了宋代茶筅。此次径山茶宴申请"人类非遗"时,用到的茶筅就是陈金信复原的宋代茶筅。

用宋代茶筅点茶,出泡沫比较快,既可以保持茶的温度,收沫也更加细腻,观感和口感都比日式茶筅点出来的更好。径山宋代茶筅,推出后即在国内市场得到了极大认可,上千元一把的茶筅,中国人买得最多。

宋代点茶程序:备器、择水、取火、候汤、洗茶、炙茶、碾罗、熁盏、点茶、品茶等。

主要器具:茶炉、汤瓶、茶勺、茶筅、茶碾、茶磨、茶罗、茶盏(尚建窑黑釉盏)。

候汤最难,未熟则沫浮,过熟则茶沉,说的是点茶时注水的水温控制非常重要。

经年陈茶,则先以汤渍之,刮去膏油,再以微火炙干。当年新茶则免洗炙程序。

碾罗,指的是饼茶先用纸密裹捶碎,经碾磨成末,继之磨成粉,再以罗筛筛之。

1. 选料

2. 切料

3. 刮青

6. 开架

7. 冲头

8. 取簧

11. 刮薄

12. 分丝

13. 弯头

16. 扎花芯

17. 扎线

18. 整形

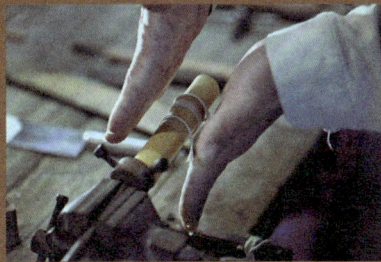

4. 捆绑

5. 锯簧

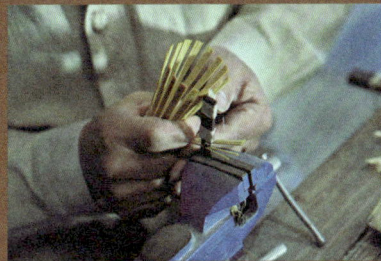

9. 冲丝

10. 削簧

14. 挑丝

15. 光丝

制作茶筅的十八道工艺

熁盏，即先烘盏或烫盏，相当于饮酒前的温杯，盏冷则茶沫不浮。

点茶，即用茶勺抄茶粉入盏，注水谓之"调膏"，继之边注汤边用茶筅击拂，至汤面满布细小洁白的汤花细沫，才能显现点茶技艺的高超。

品茶，则直接持盏饮用。也可用大茶碗点茶，再分到小茶盏里品饮。

○ 点茶七道汤

点茶共要注水七次，使茶末与水交融，茶汤表面显现雪沫乳花。

点茶需要练习技巧，又因击拂之法不同盏面泛起乳花不同而有各种名目，即注水七次，自第一汤至第七汤而各有不同。

第一汤：量茶受汤，调如融膏

茶粉大概一勺半左右，用沸水去注，调成膏状，颗粒全部融解。

注水要沿着茶盏的四周往里加水，手法要轻，不要触到茶盏。

搅动茶膏时，手腕要以茶盏中心为圆心转动，渐渐加力击拂，就像面团慢慢发酵一样，使汤花从茶面上生出来。

第二汤：击拂既力，珠玑磊落

快速和用力是关键要素，如果打出大泡泡和小泡泡，即是珠玑磊落。

注汤时，落水点变化到茶面上，先要细细地绕茶面注入一周，然后再急注于上，不得有水滴淋漓，以免破坏茶面。另一只手持筅用力击拂，这时茶面汤花已渐渐焕发出色泽，茶面上升起层层珠玑似的细泡。

第三汤：击拂轻匀，粟粒蟹眼

注少量水开始第三汤，使用茶筅速度要均匀，将大泡泡击碎成小泡泡。

注水要多，击拂力度轻而均匀，使茶面汤花细腻如粟粒、蟹眼，并渐渐涌起。这时茶的颜色已十得六七。

第四汤：稍宽勿速，轻云渐生

使用茶筅幅度要大，速度比第三汤要小。

所谓的轻云渐生，就是指茶面的颜色变得比较白。注水要少，茶筅转动的幅度要大而慢，这样，云雾渐渐从茶面生起。

第五汤：乃可稍纵，茶色尽矣

注入少量水，第五汤可以打得随性点，标准是水乳交融。

水要放得稍快些，击拂要均匀而透彻。如果茶面上的汤花还没有泛起来，就用力击拂使它发立起来；有的过于泛起而高于他处，就用茶筅轻轻拂动使它凝集起来。茶面如凝冰雪，茶色全部显露出来。

第六汤：以观立作，乳点勃然

继续注水做第六汤，要做出乳点勃然。

把底部没有打掉的茶粉继续打上来，使得乳面更厚。只是点水于汤花过于凝聚的地方，目的在于使整个茶面汤花均匀，运筅宜缓而轻拂汤花表面。

第七汤：乳雾汹涌，溢盏而起

最后一步，就是击打，在中上部快速地击打。

直到周回凝而不动，是谓咬盏。看整个茶盏中注入的水够不够茶盏的五分之三，看茶汤浓度如何，可点可不点，茶筅击拂到此也可停止。

● 醒来茶：一生一世，一梦一醒

醒来，或是一种当头棒喝，或是一种醍醐灌顶。

径山竹茶书院里，有一处"醒来艺术空间"，由十幅反映生命观的画组成,突破了传统布展方式、画作技法、艺术构思和展陈场域,带来一场别开生面的沉浸式艺术秀。区别于其他画展,参观者必须按顺序观看这组作品,才能随画作踏上人生觉醒之路。

人生一世,草木一秋。在最接近生与死、梦与醒的人文空间里,径山竹茶书院给人们提供了一个回望与思考的空间。融合自然环境和艺术冥想形成的能量磁场,拷问人性,疗愈心灵,唤醒我们每个人对人生的艺术哲思。

我们是谁?我们从哪里来?我们到哪里去?且慢饮此杯茶,让"醒来"扑面而来。

径山竹茶书院，以中华国学文化为基础，以茶会友，依托江南丰富的自然人文资源，借鉴宋代书院格局，融入儒家文化，形成"风物""文化""传承"三个核心要素，以"习、礼、养、游"为主题，运用先进数码科技，实现"见自己、见天地、见众生"的理念。

在这里，打上一炉香篆，品上一口香茗，侍开一枝老梅，对望一幅古画，体会时空悠然，赞叹自然和谐。如同南宋邹輗所云：坐对前山无一语，此心惟有古人知。

焚香、点茶、插花、挂画，被称作"宋人四雅"，分别透过嗅觉、味觉、触觉与视觉等，将日常生活提升至艺术境界。焚香重在"香"之美,点茶重在"味"之美,插花重在"色"之美,挂画则重在"境"之美。四美皆具,我们或会沉思是否要得太多。

焚香:文人雅士相聚品香读书,一边享受氤氲香气,一边读经谈画论道。苏东坡晚年与弟子就是以沉香为伴,终日焚香作赋,度过完整一生。

点茶:点茶也常用于斗茶,可以在二人或二人以上进行,也可以独个自煎水、自点茶、自品茶。它给人带来的身心享受,能唤起无穷的回味。

插花:宋代插花艺术,常以清疏风格,借用日常生活器皿,追求线条美,内涵重于形式,也被称作"理念花",对后世的花艺风格影响颇大。

挂画:宋代挂画以诗、词、字、画卷轴为主,文人雅士讲究挂画的内容和展示的形式,作为平时家居鉴赏,乃至雅集活动共赏的重要内容。

茶本非孤品,君子亦有邻,生活可以更有趣。

醒来茶,是提醒我们每日三省吾身。

跟着时光吃茶：
申时七碗茶，习习清风生

药食同源，茶可以说是世人最亲近的一款中草药。

"饮茶一分钟，解渴；饮茶一小时，休闲；饮茶一个月，健康；饮茶一辈子，长寿。"这是中国工程院院士、中国农业科学院茶叶研究所研究员陈宗懋的一句名言。

晨钟暮鼓，四时三餐，径山人一年四季一天到晚都离不开茶，以茶养目、养颜、养心，自有茶宴、茶食、茶点等种种与时光相关的应时秘籍。

● 申时茶：七碗受至味，中式下午茶

七碗茶也叫申时茶，中国人的下午茶。

古人把一昼夜划分成十二个时段，每一个时段叫作一个时辰，根据一日间太阳出没的自然规律、天色变化以及人类日常的生活习惯总结而成。

所谓申时，指的是下午3点到5点。此时很多人还处于一天的紧张忙碌当中，特别需要从身体到心理的自我关怀，把紧

张的情绪转换成安定状态，回复温润和平衡。此时，膀胱经当值，正是全天最佳喝水排毒时间，可以上通下达。

"七碗"之典，出自唐朝诗人玉川子卢仝的诗篇《走笔谢孟谏议寄新茶》：

一碗喉吻润，二碗破孤闷。三碗搜枯肠，唯有文字五千卷。四碗发轻汗，平生不平事，尽向毛孔散。五碗肌骨清，六碗通仙灵。七碗吃不得也，唯觉两腋习习清风生。

中国佛教协会前会长赵朴初居士写过一首诗："七碗受至味，一壶得真趣。空持千百偈，不如吃茶去。"

从时间上来说，申时茶与英式下午茶类似，可以说是结合了英式下午茶和现代人的饮茶习惯而衍生出的中式下午茶新概念。

申时茶可以让身心暂缓片刻，且不影响晚上的休息，但需要注意的是，茶量应控制在 500 毫升左右，在 40 分钟左右的时间里饮七碗茶。

午后申时，正好止观，停止妄念，抵达智慧：一壶径山禅茶，一盘精致茶点，进入无我境界，给灵魂片刻自由。

● 时辰茶：从早到晚，应时而动

根据一天中身体的不同状态，喝不同种类的茶会更健康。

早餐之后，喝杯性温的径山红茶最适宜。红茶咖啡因含量相对较高，提神最佳，也可加些牛奶，解困提神，彻底赶走睡意，开启一个充满活力的上午。

上午时分，工作了两小时左右，可以喝一杯加了茉莉花的径山花茶，香花绿叶相扶持，既可赏心又能悦目，闻之亦芬芳怡人，可大大提高工作效率。

午睡醒来，宜喝一杯烘青绿茶，提神清心。这个时间，大脑容易昏沉，眼睛疲惫不堪，免疫力有所下降。人到中午肝火最旺，饮绿茶可以清火，而且中午吃得较多且腻，绿茶正好解腻、

降脂、降糖。这杯径山绿茶最好用 80℃ 左右的水侧杯冲泡，可使茶汤淡绿、茶香清爽，茶多酚破坏最少，保健效果更好。

下午申时，若有条件最好饮个下午茶。申时茶可选择的较多。茶点之外，大径山一带极具地方特色的七味烘青豆咸茶可作推荐。相传，此茶上溯四千余年，流传自大禹治水时期浙北一带的防风古国，如今是余杭一带乡间的传统习俗。

咸茶生津止渴，可在下午补充体力。小青柑去瓤切丝，用盐腌渍，就是最好的原料。抓一把烘毛豆，加上笋干、橘皮、紫苏籽、花生仁、胡萝卜丝、茶叶，沸水冲泡。毛豆甜糯，青柑提神，紫苏清香，全糅合在咸津津的茶里。

晚间时分，饭后闲谈，可喝一杯桂香径红，让桂花的甜香与径红的回甘合二为一，给晚间的安宁开启序篇，既能安神也不至于影响睡眠。

所谓时辰茶，就是到什么时间喝什么茶。

● 时令茶：春夏秋冬，各饮其味

春夏秋冬，四时流转，其实对应在不同的茶中都各有其真意。

俗话说："春夏绿，秋冬红。"按照中国人的养生学说，不同季节应喝不同的茶。春夏养阳，所以要多喝绿茶清心；秋冬

养阴，所以要多喝红茶煨身。

道家推崇："人法地，地法天，天法道，道法自然。"人与自然之间如果找到某种媒介，彼此才能沟通得更好，关联得更持久。茶，或许就是草木媒介之一。

春日暖阳，人们常喝绿茶，这是一种不发酵茶，讲究"形美，色翠，香郁，味醇"，即所谓绿茶的"四美"。绿茶是最灵性、最脱俗、最难得的至鲜茶品。

据陆羽《茶经》所载，采摘绿茶最好的时节是在农历的二至四月，清明至谷雨这段时间，正所谓明前茶或雨前茶。采茶

须晴日，最好阳光未起、露水未干时。

　　新茶采下之后，最重要的环节是杀青，将茶叶中的青气去掉，将水分滤干。杀青的方法有炒青，有烘青，有晒青。径山茶是卷曲型毛峰烘青茶，茶毫中茶氨酸含量比叶片更高，这也是径山茶茶汤滋味更鲜爽的重要原因。兰花香也是径山茶的重要特征。

　　夏日炎炎，径山绿茶可用山泉冷泡，看嫩绿茶芽在玻璃杯中三起三落，浮沉之后缓缓落下，一叶一叶地终于立稳，如同人心沉浮之后气定神闲，终于安顿。

　　春夏饮绿茶，清逸入心入肺，祛除体内燥气，让心归于透彻，实在妙不可言。

　　秋收冬藏，大地阳气始收；季节变换，肉身需要调节。正是喝径山红茶的好时节。

　　径山红茶，全取一芽一叶之鲜叶，之后进行萎凋、揉捻、发酵和干燥四道工序，属全发酵茶，茶性温和，可清饮亦可调饮，茶汤香甜味醇，最适合秋冬日暖阳之下围炉煮茶。

　　桂香径红，则是挑选盛花期香气最足的金桂，纯手工采摘、去除杂质后当天入茶，与红茶按照一定比例混合，一层红茶一层桂花，小小的金色桂花瓣洒落在深色的径山红茶上，茶香与花香交织一处，再用炭火烘焙 6 小时以后，两者完美融合出秋冬的味道。

今日径山茶,早已超越了仅有的绿茶品类,而是品类丰富,总有一款适合你。

春夏秋冬,各饮其味,径去选择便是。

● 空间茶:诗意栖居,何事惊慌

喝茶讲求时间,更讲究空间,在哪儿喝就是哪儿的意境。

在径山,有许多精彩各异的茶生活空间,或是茶厂迎客厅、展销空间,或是民宿茶室、茶园餐厅,即使是在普通私家院落里,也有一处处优雅的茶室。

空间装置考究,桌几明洁清雅,点茶器具齐备,点缀以插花、挂画。或阔绰厅堂,或水榭庭院,或露台花园,都让在径山喝茶具有空间的无限可能。

以下这份"径山茶空间指南",只是随手推荐,难免挂一漏万,待你亲自去径山品茶栖居后,可以寻访增补你心心念念的茶空间。

径山寺内松源堂茶室:径山寺僧人们自己种茶、制茶,主要供应寺庙里僧人们打坐参禅之用。千年古刹,走一走古道,品一品禅茶,放下身心,体会不同滋味。

径山古道旁心无尘茶馆:幽静雅致,清宁闲适,禅意十足,最适合缓品细啜,偷得浮生半日闲。在心无尘学习茶艺,体验

禅茶文化，也不失为一种乐趣。

径山古道口五峰山房：既是余杭区茶文化研究会首批茶文化体验点，还是自家民宿茶空间，拥有原汁原味的径山茶。在此处住民宿、品香茗，可以了解径山茶的文化与品质。

径山竹茶精舍：12 栋别墅，依林傍水，与百亩茶园相嵌。屋隐于林，人隐于屋，带你回归本真，体验"采菊东篱下，悠然见南山"的惬意生活。

小古城村自在园民宿：远山如黛，陌上花开，惬意自如。民宿依山而建，占地近 16 亩。前院的树木装饰着庭院，繁花与光影缠绵，后院蕴含着田园诗。

双溪村化城壹处禅文化精品酒店：专门辟有饮茶处，可以欣赏茶艺表演，品味茶的浓酽或清冽。游走在回形的客栈长廊，亦可坐于茶室中与诸友品茗，谈天说地。

西山村林雨堂吉祥苑民宿：每层楼走廊皆设茶座，回归本真。一壶清茶，静心平气，看茶叶在水中舒展，鼻尖闻着茶香升起，躲开闹市纷扰，享受山居环境。

径山半山里洪竹林山庄：半山腰处建休闲凉亭、搭建餐厅，可以观赏山间竹林，体验竹林清风，享受天然氧吧，品味清幽径山茶，人已置身此山中。

梅林路口径山书院：位于径山寺脚下，因地制宜，建造以蕴含径山禅茶元素的民宿群和书院农场，并有特色径山茶宴、

笋宴等。

桐桥波罗蜜民宿：所在山岭叫"直岭"，民宿四面环山，开门就见大片茶园。装修风格就地取材，竹子的元素运用特别多，随处都透露着浓浓的禅意。

小古城村沉古民宿：隐于茶园、稻田和竹海中。苍松翠柏间，处处隐藏着民宿主人的各种趣味。院中日光下，在这里泡上一杯茶，品读一段历史，你可愿意？

小古城村老杭大民宿：背靠竹海，面向田野，春可观金黄油菜花，秋可赏金色稻田。

长乐林场创龄铁皮石斛基地：百年林场，千年仙草，万顷林海，全年提供铁皮石斛花茶等。远离喧闹都市，寻一处幽静之地，喝茶、赏花、饮酒、作诗。

四岭村乾皇湾民宿：坐落于四岭水库旁，风景秀丽幽静。在这里泡上一杯香茗，闲看庭前花开花落，漫随天外云卷云舒。

四岭村拨浪谷竹庐民宿：临溪而建，竹海环抱，品茗侃古，尽显雅士之风。无论大厅还是客房，窗外一幕幕皆是翠绿和清澈，远至山间云，近到园内竹。

走入径山，印象最深之事，是看到某处茶空间里的四个字：何事惊慌？

是啊，我们都在终日奔忙，究竟为了何事惊慌？

想起径山，不如吃茶去。

● 山野茶：游历山水，随处吃茶

至今依然记得，清早驾车上山，坐在观景台上俯瞰四岭水库泡茶的情形。

适逢秋高气爽，与几位诗人携家眷入住径山阿谷民宿，晚间谈诗饮酒，兴起时相约次日一起去附近山上喝茶。于是，一行人兴冲冲黎明即起，在晨雾与鸟鸣中出发。

印象当中似乎开车开了很久，有人问："我们一定要去那么远那么高的地方吗？"

引路的径山人说："山上喝茶，风景不一样，味道也会不一样。"

最后，我们终于曲曲折折开到了山顶。那里，居然有一座未完成的寺庙，坐在观景台上，烹水沏泡红茶，满眼山水风物，果然意蕴无穷。

一千多年前，白居易曾如此描述他的理想生活："食罢一觉睡，起来两瓯茶。举头看日影，已复西南斜。乐人惜日促，忧人厌年赊。无忧无乐者，长短任生涯。"

前几日在径山游走，看到唐宋点茶多用青瓷大壶，而后世则多用紫砂小壶。在这山野之中才突然想起从前看到的文章：紫砂小壶或是行脚僧的便携茶具。游历山水，行走江湖，每到一处皆可泡茶。茶与紫砂原本都由土而出，这才是前世的渊源。

说起山野，又想起前日去过的兰花坪，那里位于四岭村车坑坞南坡，出产的茶叶有一股浓郁的兰花香。据说，陆羽在双溪撰写《茶经》时，常常来到山野之间，与僧人品茶论经，却忽闻阵阵兰花幽香。于是，他便将此地种上满坪兰花。置身兰花坪，只觉天高茶低，气势浩荡，蔚为壮观。

每一位茶人，谁又不是山野中跋山涉水的行脚僧呢？

最甘美的茶，几乎都在茶人自己的破壶残盏中。

三生有幸相见:
遇见即一生, 共赴鲜爽境

是径山鲜爽的环境, 造就了径山茶的鲜爽与生机。

也是径山茶及整个径山的山水, 滋养了径山人的生命与活力。在径山, 你会遇见很多鹤发童颜的长者, 八九十岁了依然热爱劳作, 身手矫健, 神志清明。

茶人互养, 这片神奇的土地滋养了径山人, 而径山人也呵护着这片神奇的土地。有代代相续的种茶人, 有致富回乡的养林人, 更有异乡来此一见倾心的研茶人, 他们对径山的热爱, 让径山变得更加美丽, 更成为一方养生宝地。

● 养茶人: 望得见山, 看得见水

广义上说, 没有哪个径山人会和茶无关。

每一个径山人都是茶人, 都是径山茶的守护者、享用者和推广者。

这里说的茶人, 更指数十年乃至几代人深耕径山茶业的种植者、研茶者。

庞英华，余杭区农业农村局高级农艺师、浙江省乡村振兴实践指导师、国家一级评茶师，从事径山茶生产、加工、品牌管理 20 余年，著有中国农业出版社出版的《茶艺》一册。他也是浙江省地方标准首期"径山茶"系列标准的主要起草人。他懂得径山茶的前世今生，一辈子种茶、炒茶。因为热爱所以专业，因为专业所以有品。他的茶叶产量在整个径山数一数二，但仍旧是供不应求。

径山籍作家、书画家李素红，事业有成后回家重做茶人，从福建引进水仙、肉桂、梅占、黄玫瑰等品种，在径山种植成功，为径山红茶再添新品。

这样的茶人，是用身心去养茶，是用灵魂去望山，那是永远的乡愁。

养茶人的茶，名字叫作径界：径有山，境无界。

● 追梦人：美丽乡村，时尚野营

在山野，是一种状态，也是一种理想，更是一种模式。

小古城村村民金汶斌，早年在外创业，积累资本后回乡，在泥湾头办起了在山野露营基地。泥湾头的得名，跟北苕溪有关。以前夏季汛期，北苕溪山洪过境，泥湾头的水就会变浑浊，一浑就是好几天，影响游客的体验感，营地生意一直没能做起来。

　　随着北苕溪五水共治和绿道建设推进，曾经浑浊的溪水因治理而变得清澈，溪边的滩地也从荒无人烟变成绿野仙踪。营地面积1万平方米，依北苕溪而建。沿湖大草坪曾是溪边荒滩，如今湖光山色尽收眼底，绿树成荫，鸟语花香，城里人来了就不想走。

　　在金汶斌眼里，径山不仅仅有茶叶，还有无边的稻田，有闻名遐迩的漂流景区，有规模可观的露营基地，这些都意味着互联网时代最重要的"流量"。如何把传统的径山茶，借助巨大的流量传播得更远，是这个思维超前的径山年轻人正在做的梦。

2022 年，金汶斌在露营基地里种下了 1400 棵大树，还计划着要寻找合适的大树迁移到径山。大树、茶叶，都是他的招牌。

十一长假，每天上百辆车自驾到此野营。面对蜂拥而至的这些爱喝咖啡的年轻人，如何让他们爱上径山茶呢？

或许，可以试试抹茶味的冰激凌。

● 研茶人：或油或酒，可鲜可甜

进径山，得滋养。

径山之美，养在每一片茶里，每一朵花里，每一杯清澈甘甜的山泉里，每一口新鲜的呼吸里。在每一个院子里，每一条古道上，每一个山谷里，每一片土地上，你都能遇见径山茶的生活之美，也会遇见径山茶的科技之美。

汪圣华的浙江远圣茶业拥有茶园 3500 余亩，新开发有机茶园基地 800 余亩，蒸青茶系列产品荣获杭州市西湖博览会优质农产品金奖、浙江省农博会金奖。

汪圣华更另辟蹊径，做径山茶产品深加工，拥有浙江省茶资源跨界应用技术的重点实验室分中心，生产天然油脂抗氧化剂产品，让食物保鲜更健康，探索径山茶更多价值的可能。

杭州爱比利生态农业开发有限公司总经理潘浩亮和弟弟潘

洪亮，这对来自嵊州的兄弟都毕业于浙江大学。2012 年，他们遇见径山并一见倾心。10 多年来，他们相继卖掉城里的 5 套房子，矢志不渝地在径山开发有机农业。

　　如今，他们的山果湾农庄集精品水果种植、农业观光、科普教育、种苗培植等功能于一体。他们成功开发了加拿大冰酒口感的原浆葡萄酒、葡萄白兰地，还成功开发了多功效葡萄原液，探索出一种高效护肤、强效杀菌消炎的植物提取物生产工艺。

　　径山数千年来不断重生的云，遇见了一代代不断重生的径山客。

　　每朵云下，都有不同的径山传奇。

将是我最甘美的一口茶

你最苦的一滴泪

必须依赖我的无味

那么你的香郁

你是茶叶

如果我是开水

径山茶情诗
古今诗意茶

我昔尝为径山客
至今诗笔余山色

文·吕煊

第三章

如果我是开水

你是茶叶

那么你的香郁

必须依赖我的无味

你最苦的一滴泪

将是我最甘美的一口茶

如果用台湾诗人张错的这首《茶的情诗》来形容某种关系，则你与我、茶与水、湖与山都莫不如是，那是一种彼此成就、彼此包容的浸润。

当茶遇上径山，就是春风又绿江南岸的时刻。

那么，明月何时照我还呢？

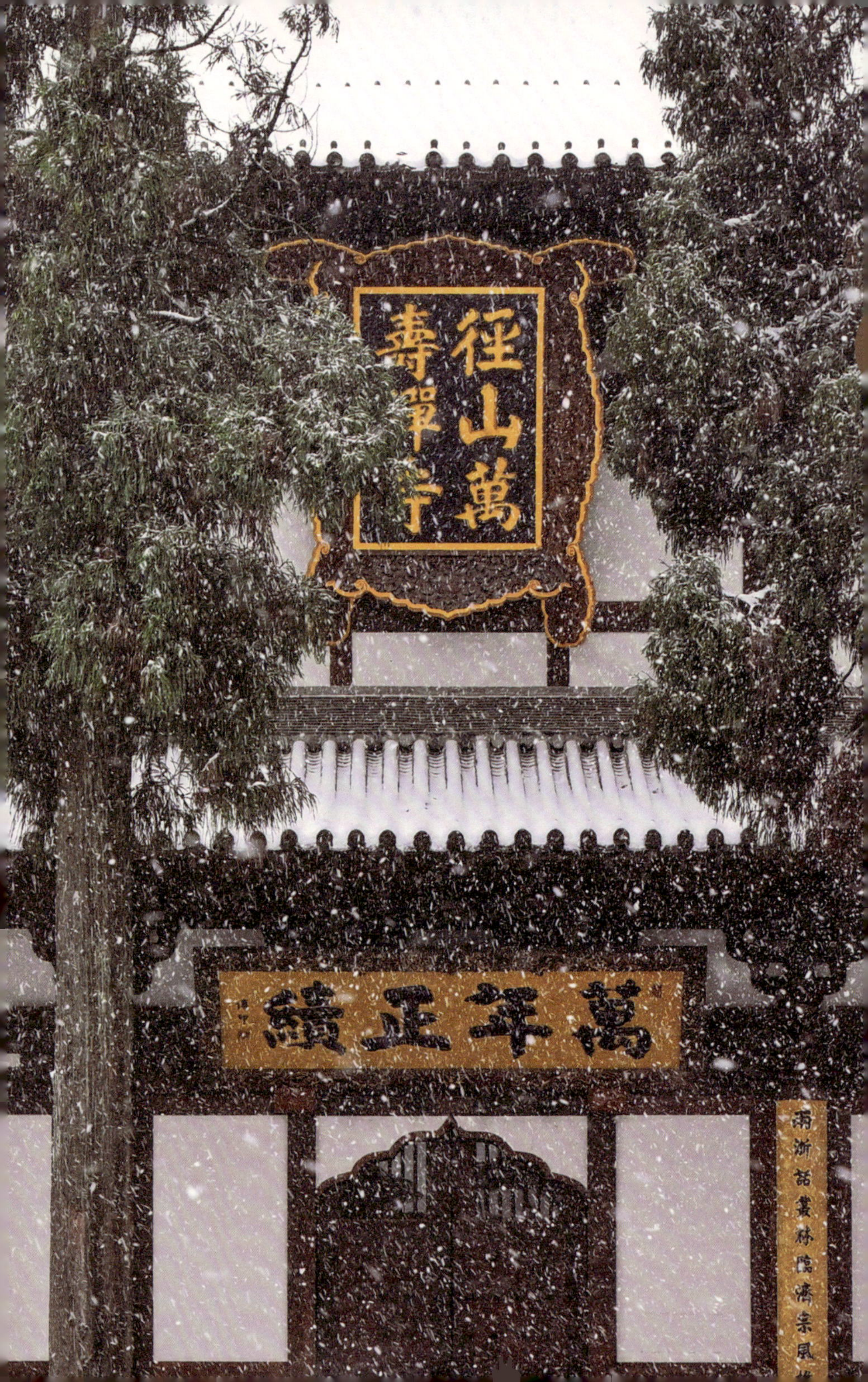
徑山萬壽禪寺
萬年正續
兩浙話叢林臨濟宗風

与古人对饮：
当法钦遇上径山

　　说到径山茶，有一个人是绕不过去的，那就是径山寺的开山祖师法钦禅师。

　　现在还可以在径山找到法钦禅师最早开辟的茶山。涉足其间，茂密的荒草遮掩了昔日的繁华。三千多僧众的足音恍若在耳旁响起，倘若你是法钦身边的一个小沙弥，你会跟他说点什么呢？

　　从法钦采茶以供佛始，到后来"径山茶"成为贡品，历经千百年的时光，令人感兴趣的是，径山茶最初长什么样？喝径山茶为何要 24 种道具？

　　那天午后，一行人在寺庙禅院里目睹二十多位僧人打坐。寂静的山谷中，只听到风声从耳边穿过，飞鸟的气息也可以暂时忽略，远处的日光顺着山坡倾洒下来，让人在寂寞中找到了些许可以依靠的温暖。

　　在径山的天空下，总有一些事物在温暖着我们，陪我们一路转悠的天光云影，一直翻滚着变化，让人不由得发呆走神。

　　如果此刻，有寺庙里的青衫师父给我们上茶，或许就能与

古人对饮。

　　看他们取出茶饼，放一部分进入碾槽，用时光推动圆柄，细小的茶末就会缓缓流出。正好，炭火上的水已经烧开了，取一只宋朝的天目建盏，将茶末轻轻放入，用开水注入少许，再用竹筅搅动，一定要用手腕的力量，将茶末的灵魂唤醒。整个过程是愉悦的，而这就是径山点茶的简化版。

　　法钦禅师让徒弟研习点茶，或许是因为在他看来，研茶可以提高心性，磨炼人的意志，让一个鄙俗之人变得有素养有作为。

　　所以，来径山，不妨效仿一下古人，在时光的隧道里与大师对话，增加逆境里抗争的能量，遇到更好的自己。

这盏径山茶，

可以坐在寺里的松源堂茶室喝。

与湖山对望：
当东坡登上径山

苏轼诗云："我昔尝为径山客，至今诗笔余山色。"

一个人的悲欢，可以很大也可以很小，可以很远也可以很近。

在世人看来，茶酒不分家，那似乎是文人墨客的护身词牌。宋朝人喝酒的方法可谓五花八门，有囚饮、巢饮、鳖饮、夜饮、鹤饮、对饮、轰饮、痛饮、酣饮等等分类。与朋友戴着枷锁饮酒，谓之囚饮；与朋友坐在大树上喝酒，谓之巢饮；用秸秆捆住身体，伸出头来喝酒，饮完一杯即把头缩回去，谓之鳖饮；晚上不点灯摸黑饮酒，谓之夜饮……

当桂花在深秋里开满全城，步入天命之年的苏轼，第二次赴杭州任知州时，他的欢喜应该大过悲伤。刚在凤凰山的府邸落脚不久，他就辞别吴山上的酒宴，马不停蹄地赶赴径山，准备与大师喝上一杯久别重逢的茶。与他志趣相投的高僧会做一种特别的茶。

在崇尚礼仪与文化的宋朝，酒仍被视为俗物，喝茶才是雅人所为。苏东坡，酒量不大，每饮必醉，口无遮拦，仕途上树敌较

多，生活中有持续激情的就是吟诗饮茶。他的毛笔字也写得很有范儿。身为知州，前来讨要书法的同僚颇多，他也随性挥洒，来者不拒。苏轼对径山的大师心怀崇敬，在虚无的人生中，彼此可以一起探讨宇宙、笑骂世道。在这短暂的会晤中，苏轼疲惫的身心得到放松，心情是极度舒适的，所以他才在径山写下了这样的诗："问龙乞水归洗眼，欲看细字销残年。"

　　苏轼走出了两条与众不同的文学之路：一条路是穿越泥泞的抗争之路。当他被贬黄州之时，为了解决一家人的吃饭问题，将一处旧营房改造出一块菜地，名叫东坡。坡地旁建了雪堂，东坡成了名号,雪堂则留下诗篇。另一条路是求道问真的舒悦之路。他在杭州任职时曾多次登上径山,帮助寺庙制定了持续发展的策略,将住持选拔由甲乙制改为十方制,寺庙高僧按此规定执行到位。

每次上径山,苏轼都心情愉悦,每次均有存诗。据不完全统计,苏轼一生先后为径山留下12首诗词,其中流传较广的是《游径山》《送渊师归径山》等名篇。

径山,以五峰闻名,吸引不少帝王将相和文人墨客登临,寺庙里有闻名天下的径山茶。

苏轼第一次来杭州任通判时,继望湖楼醉书之后,那年七月炎夏,他坐船出城,夜宿余杭法喜寺,次日,登上天目东北峰之径山。

到得山顶,眼见众峰来自天目群山,势若骏马奔驰平川,只觉得世间如此辽阔,众生同在天地覆载之内,何苦身为物役蝇营狗苟地生活?

径通天目,眼前一切豁然开朗。于是苏轼写下《游径山》一诗,随后将其寄给弟弟苏辙。他在诗中说:"近来愈觉世路隘,每到宽处差安便。"

苏辙正在陕西做推官,接信后大喜过望,随即写下《次韵子瞻游径山》以对。他劝慰兄长安心做事:"青山独往无不可,论说好丑徒纷然。"

《游径山》

宋·苏轼

众峰来自天目山，势若骏马奔平川。

中途勒破千里足，金鞭玉镫相回旋。

人言山住水亦住，下有万古蛟龙渊。

道人天眼识王气，结茅宴坐荒山巅。

精诚贯山石为裂，天女下试颜如莲。

寒窗暖足来朴朔，夜钵咒水降蜿蜒。

雪眉老人朝叩门，愿为弟子长参禅。

尔来废兴三百载，奔走吴会输金钱。

飞楼涌殿压山破，朝钟暮鼓惊龙眠。

晴空仰见浮海蜃，落日下数投林鸢。

有生共处覆载内，扰扰膏火同烹煎。

近来愈觉世路隘，每到宽处差安便。

嗟余老矣百事废，却寻旧学心茫然。

问龙乞水归洗眼，欲看细字销残年。

《送渊师归径山》

宋·苏轼

我昔尝为径山客，至今诗笔余山色。

师住此山三十年，妙语应须得山骨。

溪城六月水云蒸，飞蚊猛捷如花鹰。

羡师方丈冰雪冷，兰膏不动长明灯。

山中故人知我至，争来问讯今何似。

为言百事不如人，两眼犹能书细字。

径山归来，苏轼心情宽舒许多。回杭州之后，又往望湖楼而来。湖山之兴未尽，他约好友同游西湖未果，索性独自一人，乘舟夜泛西湖。

当天只有半轮明月，苏轼从日暮直至三更，细细地欣赏月映夜湖之美，直到日升月落，东方既白，方才回到岸上。

对望湖山，如何排解积郁，苏轼还有一套自己秘不传人的方法。那就是到寺院清谈，饱食斋饭，袒背午睡，饮茶听琴。

这盏径山茶，

可以坐于月下对望湖山时喝。

与泥土对应：
当烂石唤醒春意

径山茶的传世，与土壤、气候、环境密不可分。

这里的土壤，"上者生烂石，中者生砾壤，下者生黄土"，可说是上上之土。

径山在平原地带没有过渡突然隆起，犹如一堵高墙，让西进的海洋气流于此凝结，翻云成雨，故而气候湿润，日夜温差较

大，垂直气候明显，让径山茶具备了名茶的各项基因。

径山独有的生态圈，正从品牌（金）、茶叶（木）、生态（水）、制作工艺（火）、相关风俗（土）等五个方面造就了径山茶品质。

在中国人的生活里，喝茶不必有固定时间，只要有一份足够的从容，就能慢慢唤醒茶中所蕴含的天地灵气。

泡茶的高手，将紫砂小壶用滚水慢慢烫开，然后在滚烫干燥的壶腔中放入红茶，再用滚水继续浇在壶身之上，把在时光

中沉睡得太久的红茶慢慢唤醒。

翻转烂石,唤醒春意。你可想过,我们手中这盏茶,都来自泥土?

这盏径山茶,

可以坐在半山处的心无尘草庐中喝。

与时光对映：
当名茶彰显盛世

　　径山茶这个名字的出现，最早是在千余年前的大唐。

　　唐人李肇在《唐国史补》中云："径山茶，产于杭州（府）。"

　　径山茶到了宋代，更是备受推崇，几乎成为宋朝第一御茶。如北宋叶清臣撰写的《述煮茶泉品》中就有："钱塘、径山产茶，质优异……茂钱塘者，以径山稀。"充分肯定了杭州一带以径山茶为珍稀之品。

　　北宋著名书法家蔡襄，品饮径山茶后作出这般评价："清芳袭人。"宋元时代，径山茶与杭州龙井、天目青顶齐名，被誉为"龙井天目"，位列"六品"。

　　清末因茶贱伤农，径山茶农们不得不弃茶改行，致使茶园荒废，制作技术失传，径山茶销声匿迹达百余年之久。

　　20 世纪 70 年代后，径山人将部分荒废茶地开垦恢复，生产普通的径山绿茶。经过 50 多年的发展，径山茶从当初的几十人变为全区数百家径山茶厂，从业者上万人。

　　径山茶现为毛峰烘青型，这种茶型对茶芽要求更高——一叶一芽，同时也适合体现和发挥径山茶源品质特殊的优势："崇

尚自然，追求绿翠，讲究真色、真香、真味。"

1979 年，新茶时节，浙江启动名茶评比。5 月，浙江省农业厅直接发布评比结果：顾渚紫笋茶，第三名；金奖惠明茶，第二名；余杭径山茶，第一名。

径山茶采茶亦按《茶经》所记之法："选其中枝颖拔者采焉。其日有雨不采，晴有云不采"，规定"一芽一叶，或一芽二叶初展，特一级保证每 500 克干茶有 35000 个以上嫩芽"。

著名茶学专家、中国工程院院士陈宗懋先生说，径山茶仅仅在采摘一环，放在全国也是第一流的。

1985 年，农牧渔业部和中国茶叶学会组织名茶评比，全国 76 份参选茶样，径山茶荣获第 5 名，被评定为部级名茶。

2022 年，西湖龙井与径山茶宴双双入选"人类非遗"。这是中国崛起的大背景下名茶与盛世的最好相遇，也是径山茶的最佳机遇。

这盏径山茶，
可以坐在西湖边的湖畔居品湖山之美时喝。

与山水对影：
当好茶邂逅好水

　　径山茶礼，真正进入皇室还是在宋朝，为后世传承提供了基础。

　　我们必须提到宋孝宗赵昚，他是太祖嫡裔、高宗养子，在位27年，多次临幸径山，留下了"径山兴圣万寿禅寺"的御碑，还在径山古道留有"佛圣水"的题刻和传说。

　　好茶若无好水，也是一种遗憾。径山不仅有好茶还有好水，这就非常难得了。

　　径山之麓的双溪，是陆羽曾经居住并著《茶经》之地。陆羽所提倡的种茶土质、气候等，与径山、黄湖、舟枕等地都出奇地吻合。清嘉庆《续余杭县志》载："产茶之地有径山、四壁坞及里山坞，出者多佳，至凌霄峰尤不可多得。"

　　曾任杭州知州的蔡襄，在北宋景祐三年（1036）游径山。这位文学、书法兼善的茶学家写有《记径山之游》，有一处涉及水与茶的描述，文曰："松下石泓，激泉成沸，甘白可爱，汲之煮茶。"这寥寥十六字的点赞，相当于现在的"大众点评"，想必刷爆朋友圈亦非难事。

　　那似乎就是他心目中的天下第一水了。径山水泡径山茶，也是天下一绝。

这盏径山茶，

可以在陆羽泉喝，感受一下古人雅意。

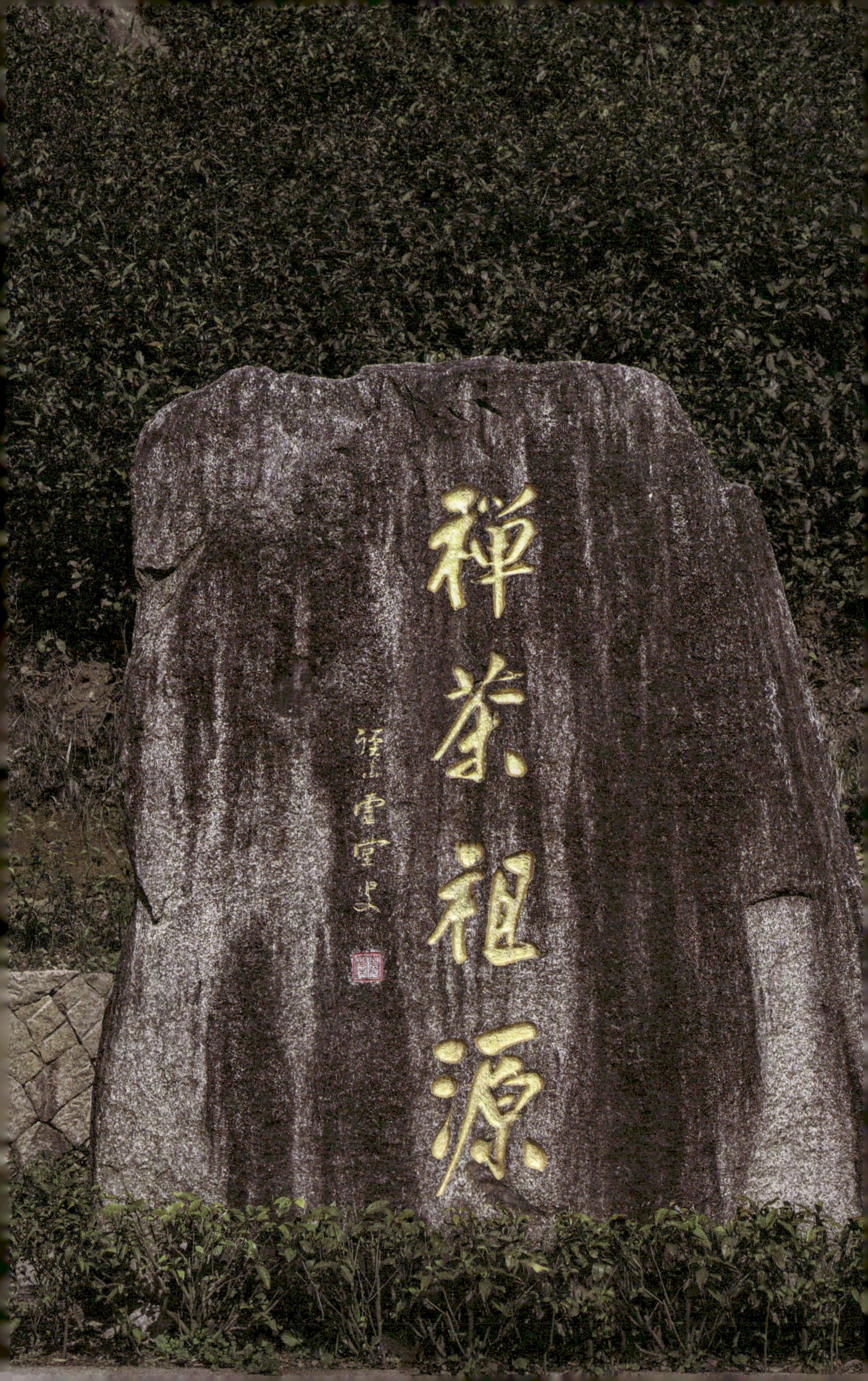
禪茶祖源

与非遗对谈:
当老树绽放新花

老树如何开新花,是非遗在今天如何创造性转化的问题。

除了列入"人类非遗"的径山茶宴以外,径山还有省级非遗径山茶炒制技艺、市级非遗径山茶筅制作技艺和六个区级非遗——径山抹茶制作技艺、径山红茶制作技艺、径山民间传说、径山庙会、径山茶祖祭奠、径山点茶等。

所有这些非遗项目的恢复和申请,余杭区诗词楹联协会主席陈宏如数家珍。在他的书房里,满眼是关于径山文化的书,厚厚的一摞著作也都是有关径山茶的。他一直致力于挖掘整理古书、古迹、民间传说中关于径山茶的历史,让这些文化不会在历史长河中散佚。

1999年,在陈宏的竭力主导下,陆羽泉开始得到修复保护,从原先的一口古井修复成陆羽泉茶文化公园,并修建了陆羽塑像、《茶经》碑、羽泉亭、陆羽茶室、陆羽茶文化展示馆等,成为径山茶的标志性建筑之一。

2002年,第一届中国茶圣节在径山举办,并且一直延续至今,已成功举办20届,成为中国知名的茶节日之一。茶圣

节的持续举办，有效推动着径山茶影响力的不断扩大。

2022 年 12 月 17 日，"千年宋韵，径山茶荟"活动在大径山旅游集散中心、陆羽泉文化主题公园和禅茶第一村同步举行。喫茶赏乐市集、国乐演奏、《梦华录》同款点茶、遇见陆羽、插花弄雅、禅修书法和围炉煮茶等七个体验项目吸引了不少游人前来打卡。

12 月 30 日晚间八点，中央广播电视总台与文化和旅游部联合推出的大型文化节目《非遗里的中国》在 CCTV-1 首播，节目开场就来到了浙江。故宫博物院第六任院长单霁翔

●○○○

　　领衔的嘉宾团，在节目中共同体验径山点茶技艺，探寻浙江各地三十余个非遗项目，开启了一场文化探寻之旅以及创新转化之旅。

　　中华文明上下五千年的悠久历史，祖先们围绕着"食、俗、技、艺"四个字，为我们留下了宝贵的非物质文化遗产，但越来越多的传统手工艺正在被机械化与数字化取代，老辈人传承下来的手艺渐行渐远，甚至消失在历史长河之中。

　　中国是茶的原产地，且延续至今，茶早已成为风靡世界的三大无酒精饮料（茶、咖啡和可可）之一。可是，每当人们说起

时尚时，总会把咖啡作为标志。我们该怎样让茶也成为时尚的代名词？

非遗的老树开新花，首先就是给非遗元素赋予现代性，让非遗焕发新生。

从"秋天的第一杯奶茶"到"围炉煮茶"引爆社交圈，新式茶饮、无糖茶饮料、混搭风味茶等新产品的热卖，让人们看到了茶的国潮消费观回归。茶＋健康、茶＋社交、茶＋文旅等方面大有文章可做，这也是茶品牌最需发力的方向。

还有径山茶宴，也从寺庙里的三千威仪转入万丈红尘。禅茶第一村的村民发明了民间版的径山茶汤会，将"喫茶节""茶圣节""小小茶博士"等众多创意活动与传统径山茶文化有机结合，让非遗文化在当代径山重新火起来。

今天的径山茶科技园，也开始推出一系列的衍生品，有人一年时间就把径山茶牙膏销售做到了一百万支。目前已上市的产品，除了茶叶牙膏外，还有茶叶洗护产品，比如沐浴露、洗发水等，此外更有茶护肤品，比如洗面奶、爽肤水、面霜等等。

空谷清风茶香酱油、径山茶精粹氨基酸洗颜乳、径山茶护手霜、茶香益生菌口腔喷雾……这些产品颠覆了以往大家对茶的认知，印象中只能用来饮用的茶，原来也可以变成食物、变成日用品，融入人们的日常生活。

　　日本的灵魂酱料——味噌，其实也源于径山寺。2021年，
径山寺想做一款自己的酱油。研发团队从径山茶叶中提取出
氨基酸，加工成茶多酚后添加到酱油中，推出了一款余杭独有
的"径山茶酱油"，取名"留止"，源自径山寺开山祖师法钦禅
师有关的一句话——"乘流而行，遇径即止"。从酱油产品线开
始，径山正在进行酱油古法酿制工艺的摸索，未来还将打造
文旅融合的酱油古法酿造工坊。

　　在开发者看来，径山茶是个宝，尤其是绿茶中特有的茶多
酚，不仅可以提高人体的综合免疫能力，还可以有效抑菌。他

们花了三年时间，对径山茶衍生品进行研发及市场开拓。一些投资机构也对径山茶衍生品的市场非常看好，认为这样的产品研发能增加径山茶的附加值，为径山茶产业的发展提供更多的可能性。

中国茶穿越历史、跨越国界，已经成为人类文明共同的财富。中国与俄罗斯有"万里茶道"，中国与巴西有"茶之友谊"，中国与印度则有"以茶为媒"。中国与日本之间，更有日本僧人曾来到余杭的径山寺参学，不仅把径山的禅法、宋代的文化带到日本，同时也把径山的茶叶、饮茶制茶的工艺、禅院茶礼的仪轨带到了日本，成为静冈茶的茶祖。

作为和平使者，茶已经成为东西方文化交流的重要载体，传递着千年古国"以茶导和"的价值诉求。讲好茶故事，塑造好茶形象，对中国来说尤为重要。

这盏径山茶，

或许可以坐在今天的良渚文化大走廊喝。

居然有机缘入径山『吃茶去』，

这种喜悦，

对一个爱茶成痴的人，

实在大到难以言传。

仿佛坐在云海之下、竹海之上。

盏里那一朵抹茶花，

简直像是茶与人之间的一种

珍重与约定。

我见羽泉多清澈，

料羽泉见我也如是。

第四章

妙笔生花处
千种茶意象

名家走笔径山茶
山名一径通天目

茶是径山茶　道是径山道

文·潘向黎

孟冬时节，径入径山。

入山的路上，心中的盼望欢畅，如万斛泉源，滔滔汩汩。若问缘由，便叫我从何说起呢？径山茶，天目碗，陆羽，径山寺，无准师范，牧溪禅师的《六柿图》，禅茶一味，径山茶宴是日本茶道的源头……那么多令茶人仰慕、激动的风物、风范、风雅之人，彩云般的，一朵又一朵，都升腾萦绕在径山之上，千年不散。而我，居然有机缘入径山"吃茶去"，这种喜悦，对一个爱茶成痴的人，实在大到难以言传。

径山位于杭州余杭，为天目山余脉。唐玄宗天宝元年（742），僧人法钦遵"乘流而行，遇径即止"的预言，在径山创建寺院。唐太宗诏至阙下，赐他为"国一禅师"。法钦在寺院旁植茶树数株，采以供佛，不久茶林便蔓延山谷，鲜芳殊异。径山寺自此香火不绝，僧侣上千，并以山明、水秀、茶佳闻名于世。宋政和七年

（1117），徽宗赐寺名为"径山能仁禅寺"。自宋代起，径山寺遂有"江南禅林之冠"的誉称。

正是在宋代，日本高僧纷纷来中国求法，而径山寺是他们向往的圣地。于是，千光荣西将天目山茶籽和制茶法带回了日本；希玄道元将径山茶宴礼法带回了日本，制定了《永平清规》；南浦绍明更是将虚堂智愚赠送的一套径山茶台子与茶道具，以及七部中国茶典，一并带回了日本。

所以，从源头上说，日本茶道，茶是径山茶，道是径山道。

吃茶去。径山茶宴，主持的是一位姓王的女茶艺师，眉目清秀，脂粉不施，穿一领赭色麻衫，长发绾成一个单髻，穿着和神态都温和清淡，恰与茶相宜。这些年见到的表演茶艺的女子，有的过于柔艳，美人扰了茶的清净；有的过于高冷，近乎妙玉姑娘，都让人不能安心领受茶中三昧。而这一位，却让我想起一个词牌——"端正好"。

她坐下来开始烹水，并不言语，但随着她的动作，茶席渐渐光亮起来。不知何处传来了《高山流水》的琴声。

然后她为我们点茶，是径山茶，但不是叶茶，而是自己碾磨的蒸青绿茶的末茶（这便是蔡襄的《茶录》与宋徽宗的《大观茶论》中均提及的点茶程序中的"碾茶"工序；而"末茶"就是"抹茶"，当年在日本留学，一听"抹茶"就知道是中文"末茶"二字）。

　　只见茶师"罗茶""候汤""熁盏"已毕，注少许沸水入瓯，皓腕徐移，有人轻问："这是做什么？"茶师轻道："调膏。"正是。

　　随即"注汤"，环注盏畔，手势舒缓大方，毫不造作。拿起茶筅，持筅绕茶盏中心转动击打，我忍不住脱口而出："击拂。"因为这是"初汤"，明显的，她的腕力蓄而不发。再注汤（"第二汤"），这回直注茶汤面上，急注急停，毫不迟疑；再"击拂"时，但见皓腕翻动，一时间一手如千手，令人目不暇接。这一回茶师力道全出，击打持久，眼见得汤花升起，茶汤和汤花的一绿一白，分明而悦目。第三汤，汤花密布，越发细腻，随着不疾不徐、力道与速度均匀的"击拂"，汤花云雾般涌起，盖满了汤面……

　　如果击拂的轻重、频率不当，击拂之后，汤花会立即消退，露出水痕（即苏东坡诗"水脚一线争谁先"的"水脚"），宋代叫"一发点"，是点茶失败的一种表现。而这次的汤花白如霜密如雪，还经久"咬盏"。我们后来在隔壁用餐，频频过来探视，过了一小时，汤花居然保持完好，始终没有露出"水脚"，实在令人惊叹。这是我见过的最精彩的点茶了。

　　茶道有"和，敬，清，寂"之说，对其中的"寂"，我一直体会不真切，在日本感受和揣度到的，似乎接近外表残缺、暗淡、干枯而蕴含厚味的"侘寂"，至于中国茶道，自然又不尽相同。

　　这一次，在径山，我悟到了何为"寂"。

　　在径山寺，当我们在禅房中品饮禅师亲手烹制的径山茶时，

　　有一位同行的朋友问："外面在施工，会不会影响你们每天的功
课？"禅师微微一笑。又一位朋友说："施工是一时的，游客倒
是一年四季来的，可能你们会觉得吵。"禅师依旧专心致志、动
作和缓地将茶斟完，然后轻声答："这些都和我没有什么关系。"
表情波澜不兴，不，连一丝涟漪都没有起。

　　这才是"寂"——不管发生什么事情，都不为所动。不受环
境影响的"安"和不随外界转移的"定"，以及超脱，便是茶道
中的"寂"。

　　"寂"是方式，由此进入茶，但通过茶，"寂"也是结果。这

一层，我从来没有想到过呢。坐在径山寺的茶席上，不敢造次妄言，但心中喜悦，如茶香飘起，似汤花涌起。

　　茶席上的插花，是一枝细小而素白的茶花，就是我们在上山的路上随处可见的，不知何时，竟然飘落了两瓣，剩下的几朵，以一种随时可以滑落的姿态停留在枝上。径山寺，竟然连一枝茶花都美得微言大义。众人不知何时都静默了。一安静，顿觉整座径山是空山，外面落叶满径满山，唯有面前这一盏茶，越喝越润了。

在径山看几朵花

文·鲁敏

杭州的余杭，有座径山，山名真好听，谦逊、隐约、天真如君子，真的像看到一条默然的山中小径，通往别一处幽天。此番来径山，一共待了一天一晚，什么要紧事都没干——除了看了几朵花。

山脚下，有一处花海，叫千花里，花朵们挤挤挨挨，漫至天际，像跌落人间的斑斓星辰、彩色银河！众人也都算是见过世面的，仍然显得笨嘴拙舌，只会如小学生写作文似的感叹：哎呀，太好看了！你看这一片，简直像一阵紫雾啊！不不不，那一片更好，黄得太凡·高了啊！看，这是荞麦的花！还有这名字，叫"粉黛乱子草"！我们不顾一切、像扎猛子似的深入花海之中，去最大限度地亲近那些花朵，包括花朵的背面，包括它开始卷曲的叶片，包括半有零落的花瓣，以及那些褐色的小小果实——这更加让人感慨了，花从来都不只是花，从它的这一半繁华一半枯

蒌里，我们分明可以看到时光，看到耐心，看到轮回。

黄昏的时候，我们转道前去品尝径山最为出名的禅茶。十几位朋友中不乏对茶道颇有研究的方家高人，但两道茶艺观赏下来，还是大为感叹。比如，茶艺师用茶筅调制抹茶粉，使之均匀细腻，形成黏稠泡沫的"无影手"手法。再比如"水丹青"，却是在抹茶所起的泡上作画。这是茶道中的高难动作，除了视觉、手法、画质以及最终的口感之外，还有一个很特别的考量因素，即绘写在抹茶泡沫上的"水丹青"能够持续多久。一幅"水丹青"挑抹点画完毕，众人即安静地等待着，茶席上数目交错，反复盘桓流连于这幅抹茶丹青，等待着它的消瘦，弥散，直至无形。一刻钟过去了，半小时过去了，这一盏抹茶上的手工"水丹青"仍然完美如初，素然不动，像一朵在时间里定格了的花。于是，大家齐齐为茶艺师鼓掌，同时一致决定，不分享这一杯抹茶了，且留下这一幅水丹青在茶室，让花朵自去开放。屋顶那几道素光，光中那半盏温绿，盏里那一朵抹茶花，简直像是茶与人之间的一种珍重与约定。

晚饭后，整个径山乡村都沉入了甜黑，我们坐在车里，往村子深处开。车灯照处，可以看到收割后齐刷刷的稻茬，有半塘残荷，还有秋天那些裸露着的田埂与沟渠。走过一条弯弯的小道，甜黑里突然斜挑出几星暖灯，投宿的客栈到了。我们的低语和笑声惊动了客店里的两只家狗，它们突然高一声低一声地叫起来，直听得我心花怒放又泫然欲涕——为什么? 因为在我整个的少年记忆里，在最脆弱的时常发作的乡愁里，黑夜里回家，头顶繁星点点，耳边狗吠声声，这便是我理解中最完美、最真切的家乡的夜晚啊!

把行李放好，我们几个就一齐趿拉着拖鞋聚到客厅。大厅有非常自在的茶室、视听室，还有壁炉与书柜。我们关好大门，烧热茶水，盘腿而坐，分食点心，讲故事讲笑话讲文学讲往事，简直像坐到了上个世纪的俄罗斯小说里，又像是坐到了三百唐诗里，各种意象连绵而来，闲敲棋子落灯花，风雪夜归人，能饮一杯无……直到困倦如小天使降临，才各自上楼去歇。我站在环形楼梯口，非常郑重地拍下了一长串造型现代的橙色吊灯——这不是古时候照着棋盘与黄酒的青灯，也不是少年求学时等候着我的那盏亲人之灯，它只是这家普通民宿客栈的一串睡前之灯，温和、包容地照着各自掩上房门的行旅者，但它的光泽，它的灯花，我敢保证，一定会开放在每一个旅人的枕边，进入他们的悠远梦境。

我在临睡前，又非常仔细地确认了一下，我在径山的这一天，真的什么要紧事都没干，除了看到几朵花——花海的花，抹茶的花，夜灯的花。但是，我很满意，很平静，甚至接近一种幸福了。径山，晚安。

白云自去来

文·伍佰下

缘起，茶。

茶起，画。

画尽，还是茶。

其实是先品到这座山的茶叶与茶水，才有后来双脚踏上径山的际遇的。

到余杭第一天，晚饭前已是饥肠辘辘，天色将昏未昏，几盏青灯斜射在餐室隔壁的一张大茶桌上，也斜倚出七个疲倦的身影。

这时候，只看得到齐眉刘海、颧骨高高的她不期而至。一袭赭红色无领对襟丝麻上衣，脸上似笑非笑。她一边打开茶具，一边用二分之一于我们的语速说话："别误会，我不是茶道表演者，我只是玩茶的，跟朋友玩着玩着，也就喜欢上了。"

用的是径山绿茶做的抹茶粉。大小茶壶碗盏，在她的捻、

冲、滤之后，用李安一秒 120 帧拍着都可能虚掉的速度打匀。成就的一碗茶汤，竟然没有什么浮沫。一如端坐一刻钟，除了手势和微笑，几乎没有动态的她。

分到七个慵懒的小盏，就够润一润喉。这几滴下去，七个慵懒的身影忽然各自活泛了。有说闻到了奶香，有直接问怎么喝出点甜味，有舌尖在舔杯底余味的。我是直接灌下去的，根本没有来得及咂摸，这时候也被口里的回味爽到。那种味道像是极其丰富，难以名状，可又像什么味道也没有，只有齿间的芳润，幽然地释放着。

几乎不敢相信，抹茶怎么可以有这样的味道。

确实是径山茶叶捻碎成粉的味道。"只是茶叶，什么别的都没有。"她说。

在第二、三杯的捕捉后，她将我们浸润了茶色的眼神，引入了又一个茶碗。"这一碗不是用来喝的。"她说，"我要分茶了。"

一些时辰后，极少浮沫的那一层圆形的抹茶上，雕刻出了一片古意风光。近景是竹枝与梅花，中景是古刹屋檐，屋檐旁留白处的飞鸟，切出了远景。

一切是她以牙签尖部蘸上抹茶粉，用干茶粉的浓，刻画于抹茶水的淡幕上的。

说神奇，也纯粹。一切起因于径山茶，一切原料是径山茶，一切呈现的是径山佛国与自然景象，一切因果，来自径山茶。

举座无话。

忽然，她抿嘴一笑道："分茶的时候，有的师傅会故意掉一样东西，比如不经意摔一个茶碗，弄出一声巨响。往往这个时候，茶客才恍然觉悟，窗外有清风明月，眼前有青灯茶画，才明白自己置身何处。虚虚实实。那，也往往成了分茶的一部分'行为艺术'。"

她这几句话，就是摔了一个茶碗。

七个人的眼光游离。窗外修竹，白墙。径山早已隐没。这个时候，心底静处能够听到山风。

我的心神"野"出去后，不敢久留。心中有谜未解，又回到了一直提心吊胆担心着会不会消失的茶画上。

但见它纹丝不乱。

一个半小时后，在隔壁用完晚饭，七个人惦记着这碗圆形的茶画，有没有变形成"我不是潘金莲"。但见圆画上，屋檐旁的飞鸟渐渐淡出，竹枝抽出新芽，画形渐变，但时间还在继续创作，没有破坏它的意思。这时候，窗外星光热闹起来，大概借了月亮不亮的机会。径山脚下的空气，仿佛也带着抹茶味道。

缘起，茶。

茶起，画。

画尽，还是茶。

这一夜，我放下了上午上高铁前还在焦虑的另一座城市里

的事情。梦里，空无一物。

似此夜那样吃茶，原是一千多年前陆羽就记载得很清楚的一种情状。

《茶经》里，从源、具、造、器、煮、饮、出到略，他录下的茶艺之道，是我们曾经有的生活，却又在细雨轮回中失落。这些年重新捡回，有人说，是重新从东瀛现有的情状中，"借鉴"了回来。

如此说来，好的东西，尤其是不成形的，非物质的"道"或"艺"，大概也没有那么容易彻底失去。

何况在余杭此处，有开山鼻祖法钦亲手种植而今漫山遍野的茶林茶花在，有浸泡在茶香中的千年径山寺在，有巡幸径山或是被径山巡幸的六代帝王的遗迹在，有两任杭州的苏轼的笔墨诗歌在。

欧阳修、陆游、徐渭离开了，金农、龚自珍又来。他们的踪迹也许会模糊，但文墨余香却在径山茶里。

故而，径山岿然，风轻云淡，也才有我们的好茶喝。

第二日，真正的径山，几乎是"飘"上去的。

前半程兴奋，是被满山苍翠"抬"着脚步上的。

后半程，出了许多汗，停了三四站，在古老和新栽的茶林渐退渐慢中，腿脚也跟着绵软起来。

到了离"江南五山十刹"之首的径山万寿禅寺最近的一个

瞭望平台时，看到遮天又遮山的白云与我平起，想起"青山元不动，白云自去来"，顿时一轻松，就愿意自己是云一样飘上来的。

入径山寺前的五百米路程，"云朵"忽然飘不动了。

立在路旁的许多木制铭牌上，诸位祖师留下了悟天感世的"法语"，更哪堪宋楼钥书《径山兴圣万寿禅寺记》，洋洋洒洒记录了繁花盛景，让千年前的岁月一览无余。三步一停，一路看去。

"去时夏暑侵衣热，归日秋风满面凉。"

"一切处荡然无障无碍，无所染污，亦不住在无染污处。观身观心如梦如幻，亦不住在梦幻虚无之境。"

后一句是叫人放空吗？

寻思着，忽就来到寺庙前那株高大的银杏树前。我站在千年割昏晓的它下面，想象着它站立的数十米高处，目之所及是什么样的风景。

一阵风过，抖落金黄一片。

忽然笑觉，我即便是站成了一棵树，大概也看不到古银杏所见的风景。我这个新客，最多就是接到了它抖落了千年的几片叶子。

万寿禅寺千年来没有避开乱世中的苦难，修了毁，毁了修。

1200多年后，重又大兴土木，最高处正在塑造径山大佛。寺内脚手架林立，也就无甚可看。

住持出访去了。小师父方秀兼有，把正猜着寺前幌布上的禅语书法的我们，请进门去。于是便喝到了径山红茶。

点茶，献茶，闻香，观色，尝味，听叙。

我只顾看他在七个茶具旁列着的宝瓶里插的那枝山茶——它花瓣的色彩，和杯中茶色、师父的袈裟颜色，竟然不谋而合。

手欠，不老实喝茶，去挪过宝瓶玩看。还没到跟前，黄色茶花飞堕枝杈，睡在我的茶杯前。

径山容得大呼小叫，容得内心碎念搅动。茶花飘零，它自去来，不露声色。

小师父依然向每个人微笑。

下山时，在高台眺望。上午遮天的云，此时开去。窑头山、岩山、鸬鸟山、黄回山、马湖山、舟枕山……九龙环绕。如果视力好一点，上千亩的径山花海，三千亩的溪滩竹海，上万亩的碧绿茶园，特别是余杭最大的人工湖——径山湖和她怀里已经成气候了的湿地小渚，也是细节历历，可以让人痴望许久。

可这个时候，好像没有心情贪恋风景了。

想起万寿禅寺门前那棵长到了云雾里的千年银杏。它什么看不到？它还想要看什么？

到得了它的高处，便到处是山，到处是茶，到处是禅。到不了它的高处，便跌进江南的怀里，便泡进径山的茶里，便步入柴田的鸡鸣狗叫里，也坦然，也自在，也喧，也满，却也空。

就像此行径山，两度喝茶，当中看山，红红绿绿。想又如何，不想又如何。

当又要跨上子弹头一样飞驰的高铁列车时，嘴边低吟出一条好玩的径山祖师法语——

诸佛出身处，浑不用思维。

早晨吃白粥，如今肚又饿。

山中何所有

文·陆梅

爬过很多的山，还是喜欢山的深秀。若是这深秀的山里还有古寺名僧和神妙的历史，那几乎就是我理想中的美地了。很多时候，我们对太过佳美的东西都会心生向往，却又敬而远之。怕一俟走近，那些佳和美都经不起推敲，纷纷落败，反添失望。所以，从大径山归来，我一时无语。甚而怀有一个私心，对难得的理想美地总不愿以文字道出。日本作家水上勉在《京都四季》一文中提及一株三百多年的樱花树，只说在"京都北面山村的古刹里"，"乘车五十分钟"，"关于此刹我得保密"。

你看，那些视为美的东西，何其短暂脆弱，根本经不起一次次地被探看、被惊扰——比如幽僻不受人访的小村小镇，一旦观光客追逐滥游，难保幽境不被践踏。所以每个远游者，都有过极其个人、极其荒幽、极其不愿与他人共享的"秘密角落"。遗憾的是，都只是"有过"。而所谓的"秘密"，也大有可能在你是

惊喜，在他人却是平常。如此放低了姿态，那么我的所谓"秘密角落"，无非一些微物之美。

比如径山脚下的陆羽泉。手机里存着夕晖时刻随手摁下的照片，深茂竹树直冲天庭，阳光漏将下来，金子般的绿光芒洒泼在卵石、泥地、泉眼和一面苔青粉墙上，真真山静似太古！边上的木牌印有如许文字："据明嘉靖《余杭县志》记载：'陆羽泉，在县西北三十五里吴山界双溪路侧，广二尺许，深不盈尺，大旱不竭，味极清冽。'……"说的是这陆羽泉和泉边的黄泥小屋（苕溪草堂），是当年茶圣陆羽煮茶著经的地方。

我对名人行迹的考据总是漫不经心，历史也有重叠，并没有唯一的真相，今人观古迹，无妨不求甚解。脑海里翻出一句话："现代人缺的是静下来内观，与古人对坐。"抬头，忽见园子里有亭翼然，五根粗抱木撑起一角天，名羽泉亭，夕晖照在抱木上，读到一句联："一生为墨客，几世作茶仙。"——心下确然，那一刻的想法，在亭下的空竹椅里晒晒太阳，呆坐片刻。

不容旁枝斜逸，一众人驱车往陆羽山庄。这一晚的观茶宴、住民宿，和翌日一早登径山古道，访径山禅寺，都美得像个梦。于是乎确信：我们有时去往一个地方，因之而心生欢喜，所见所感所悟，虽仅仅只是来自很微小的事物，但是因为照见了自己的内心，便感觉那一刻的当下，自在而美好。

那一晚，住在径山隐隐环抱的山村民宿里，很有稳稳的踏实感。刚收割过的稻田扑面一股清新气，几只鸭子归了笼，半亩荷塘在黑晕里兀自枯瘦着，狗吠声急促响起，惊动了茶花上的夜露。喝了些酒，微醺暖意。黑黢黢中下了车，廊檐下有灯亮起……人生里有那样几回美妙的时刻，应当珍惜。

所谓微物之美，也即对这样一些微小事物的敏感。虽然微小，却愿意停留。有时乡村，山水，老字号的小镇文化，旧有的传统……它们的存在，是对城市人的一种提醒，提醒自己不要走得太快——忙，就是"心死亡"。《菜根谭》中有句话："文章做到极处，无有他奇，只是恰好；人品做到极处，无有他异，只是本然。"这恰好和本然，不也是对忙得失了本性耐心的城市人一个提醒吗？

循着古道上山，走走停停，眼见古木参天，修竹叠翠，任何鸟的鸣叫都自如得像一缕山风。"深山藏古寺"，脑海里翻出夏目漱石的小说《门》来。读过的书里，尤对古寺会心。

小说里的中年男子宗助去镰仓的寺庙"养脑子"，朋友给他推荐了一个去处：一窗庵。宗助由山门而入，找到了寺庙边上的小庙。地处丘陵边缘，面临日照充足的寺庙门庭，背倚山腹，一窗庵一派暖意。庵里只有一个和尚，看管着这座大庙。宗助不是唯一一个来修道的俗人。他还见到一个脸似罗汉的居士，来山寺已有两年。还有一个售卖笔墨的小商贩，来时背了大批货物，在附近一带兜售，待货物售尽就回山寺坐禅；过不久，食物快要

吃完，又背着一批笔墨去卖；如此往复。宗助心下诧异，又比照着自己的生活，浑不知怎样的人生才是合该完满的人生。他清夜扪心，终觉得不能心有所悟而陷入苦恼。他去问年轻僧人，年轻僧人对他说："有道是：道在迩而求诸远。信然。近在咫尺之事，却往往视而不见，听而不闻。"修行不得的宗助愧然回家。临走前，他去向照应他的僧人致谢，僧人给他说了一番宽慰话。之后，小说突然有这样一段描写：

"……他自己去叫看门人开门，但是看门人在门的那一侧，任凭你怎么敲门，竟连脸也不露一下。只听得传来这样的声音：'敲门是没有用的，得自己想办法把门打开后进来！'"

"宗助思考着如何才能把这门上的门闩拉开。他考虑好了弄开门闩的办法，但是他根本不具备实行这个办法的力量……他平时是依靠自己的理智而生活的，现在，这理智带来了报应，使他感到懊恼……"

这两段都是虚写，也即"门"在这部小说里的寓意。漱石先生到底还是阐释得很清楚了——这门，亦即心门，命运之门。对宗助这般小知识分子而言，本可以无视门的存在；有门，也能够进出自由——只要你用力去推，可他恰恰缺失了那一点勇气，也就只得悚然立在门外。

　　这有点接近禅了。眼前的径山禅寺同样有 1200 余年历史，传灯 100 余代。到第十三代住持南宋宗杲禅师创立"看话禅"，临济宗开始在径山独树一帜，"衲子云集达一千七百余人"，"不仅在禅宗史上树立了一套具有创造性的禅修体系，亦宣导世间士大夫习禅，使禅法智慧融入日常生活，为人处世皆为自性之妙用"。（引自《千载传心——径山禅寺生生不息的命脉》）

　　对禅林僧人来说，和持戒、坐禅一样重要的日用功课是吃茶。《五灯会元》里，有僧问资福如宝禅师："如何是和尚家风？"答曰："饭后三碗茶。"

　　吃茶是禅林的传统。径山禅寺正在大修，我们被请进一间茶室。走来一年轻僧人，坐下，烧水，取茶——当然是径山茶。等待水开的间歇轻言问候几声，不再说话。你问他问题，他自自然然把问题抛给你，让你自己想。而后烫壶，泡茶，专心布茶，静默如前。想起禅宗里言："丛林宗匠实难加，临事何曾有等差。任是新来将旧往，殷勤只是一瓯茶。"

　　大抵，这就是禅宗所谓"无差别境界"吧，也即我们所说的"平常心"。禅意如同茶味，禅无文字，须用心悟；茶呢，也须得有心人品。想起一位诗人的话：中国古人跋山涉水，费尽千辛万苦，只为了寻找心灵。而目下的我们，不敢承认有心灵，不相信有心灵。"我们的简历里已没有了山水的位置。人生已经不是山水的人生。我们的品质也不再有山水的安然、坦然、泰然……"

　　于是乎长叹：道在迩而求诸远，信然！

径山看云

文·袁敏

　　径山茶好喝，这我知道，径山寺的签灵验，这我也早有耳闻；但是，真正去了径山寺，喝一杯清澈澄明的茶汤，洗净郁结在心肺里的雾霾，然后走出庙堂，抬头看蓝天上飘忽而至的朵朵白云，你才会真切体悟到，什么叫岁月静好，你才会觉得，再灵验的神签，都不及天色碧如玉，白云润水来。

　　我与云结缘，始于 1976 年。那一年，我们家遭受了一场深重的劫难，我当时才二十出头，常常一个人坐在窗边，看着窗外飘在天上的云彩：云彩浮动变幻，一会儿像大山，一会儿像小河，一会儿像奔腾的骏马，一会儿像展翅的大雁……我会和云悄悄地说话，云也会拂去我心头的忧伤。是云陪伴我挨过了那一段恐惧和悲凉的日子，是云排遣了我心中的寂寞和空落。80 年代初，我发表在《收获》上的中篇小说《天上飘来一朵云》，讲述的就是 1976 年的那一段故事。

　　多少年过去了，云在我的生命中一直占据着重要的位置，我对云的情感也从未变过。然而，不知从什么时候起，悄悄地，不知不觉地，云似乎渐渐离我远去。直到蓝天日益灰暗，白云越走越远，我们才想起小时候常唱的那首歌：月亮在白莲花般的云朵里穿行，晚风吹来一阵阵快乐的歌声。怀念歌中唱的那种情景。

　　于是，人们开始寻找，开始把目光投向乡间、田野，开始在自己生活的城市周边去发掘能洗心洗肺，有蓝天白云的地方。

　　最好不要太远，一脚油门就可以当天来回，既能进入天然氧吧，又不远离都市繁华。

　　人不可太多，人多了，烟火气就重，即便有蓝天白云，空气也浑浊了。

　　坐落在杭州西北的余杭径山，距离主城区西湖边也就只有几十里路程，但咫尺之外却是一派幽然清净之地。这里绿树成荫，鲜花遍地，竹韵清幽，禅音流动。径山周围的大径山区域囊括了径山镇、黄湖镇、鸬鸟镇、百丈镇、瓶窑镇等一批生态小镇，与之毗邻的德清、安吉、临安，都是绿色浸染出来的所在。径山这块翡翠藏匿在大片安静雅和的绿色里，经年累月，风抚雨润，经络和肌理中便有了莫名的仙气。

　　径山海拔虽不高，仅七百多米，但山不在高，有仙则名。径山的仙气气场很大，除了层林尽染的绿，更主要的就是它拥有一条穿绿而过的青石古道和古道顶端那座被白云环绕的千年古刹径山寺。

径山的青石古道，青石板脊背上镌刻的岁月印痕，每一道都清晰可见。古道两旁山崖挺拔陡峭，脚下山泉汩汩流淌，满目古树参天，竹林葱郁。徒步走在这样古意深深、绿荫苍翠的山路上，你会彻底忘却城市上空的雾霾，会觉得通体沐浴了一场绿雨，全身上下每一个犄角旮旯的污垢，都被绿雨冲刷出来，那真是一种奇妙而灵异的体验。

古道沿途，隔不多远就会闪出一座石亭，拙朴简陋，却亲切如市井茶坊。走累了，在亭子里歇歇脚，喝口水，拿出随身带着的零嘴小吃，认识不认识的推让一番，彼此很快便由陌生人变成了路友。古时一里一亭，径山古道长约五里，便有五亭，你不用记住五亭的名字，只要记得走过五亭以后，你已经结交了新的朋友，世间的隔膜被敞开的信任轻轻抹去，人与人之间原来可以这般美好。

五亭过后，你会看到一池净水，据说这是古时杭州知府、北宋名士苏东坡挥毫泼墨后洗砚洗笔的地方，此池净水因而得名——东坡洗砚池。

当年，曾经官至朝廷礼部尚书的苏东坡，被奸佞谗言诬陷，遭受排挤打压，两次被贬杭州做外官，这是世人都知道的事情。虽然苏东坡自觉在杭州为官的几年他还是快活的，也写下过"未

成小隐聊中隐，可得长闲胜暂闲。我本无家更安往，故乡无此好湖山"这样淡泊清雅的诗句，但胸中不乏政治抱负的苏东坡毕竟是遭小人暗算，无奈被逐出京城，再豁达也难免心中偶有郁闷。吟诗作画，略作排解，反倒使其原本就备受世人推崇的文学书画成就在杭州期间更加彰显。苏东坡也把西湖视作自己的第二故乡，他说："居杭积五年，自忆本杭人。"

　　然而，我不解的是，西湖边那么多钟灵毓秀的湖光山色，苏东坡为什么偏偏要跑到远离杭城的径山来挥毫泼墨呢？这个问题，我在东坡洗砚池边徜徉时并没有找到答案。

　　过了洗砚池，沿古道再往上走，径山寺的庙宇飞檐禅院黄钟便出现在眼前。

　　奇怪的是，真正打动我的一刹那，不是庙宇四周的银杏树蓬勃灿烂的大片金黄，也不是从禅院殿堂里飘荡出来的古刹钟声，真正让我肃然而立的，是径山寺上空那一望无际的蓝，透明的、水洗过一般、没有一点污迹的蓝；是这样的蓝天上飘动着的轻柔的云，洁白无瑕的云，像蓝色冰川上盛开的雪绒花。

　　这里没有熙熙攘攘比肩接踵的香客，也看不到追在你身后强行推销香烛的小贩，更不见坐在庙堂前解签收钱的和尚，一切都是那么安然随缘。

　　一位眉宇清朗的年轻法师，淡淡地问我们要不要进禅房喝一杯清茶。我们一行七八个作家，这一路喝了金黄美艳的香莲

茶，也喝了茶艺师纤手点绘出"水丹青"的径山抹茶，此刻当然都急不可耐地希望在径山寺里品一盏清心寡欲的禅茶，分辨一下人世间的茶饮和佛道里的品茗有何区别。

净手、焚香、茶水洗盏，禅音渐起。注水、点火、煮茶、灌壶，茶汤清亮澄明。

手握茶盏，你会觉得，在这一方扫净尘世污浊、摒弃俗世秽气的清雅之地，身心松弛，舒缓安泰。

你不会急吼吼地大口牛饮，你一定会先闻一闻扑鼻而来的茶香，茶香清高持久，茶汤绿中泛黄。此时再轻轻抿一口，鲜醇爽口，润脑洗肺，烦恼飘散，焦虑无存。

如实生活如是禅，无限天地隐茶间。

喝完径山茶出得禅房，再看寺庙外的蓝天白云，心境已然不同。

径山寺上空的蓝天白云，是这般的干净、通透。寺庙的飞檐黑瓦，四周的银杏苍松，在蓝天白云的映衬下，显得更加明丽璀璨，绿意盎然。

自然界的雾霾，源自人类对地球无节制的贪婪掠夺，让人类在透支子孙万代的生存环境的同时，将自己一步步推向困境，但雾霾的危害毕竟已经明眼可见，人们对它的防范也早已有了自觉；而人世间的阴霾对我们每个人心灵的戕害，却藏于无形，遁于无踪，邪恶构陷与毁灭良善，常常不留下一丝痕迹。这才是最可怕,也最让人无奈的。

　　我虽然不知道苏东坡当年贬官至杭期间来径山寻绿问茶,是什么样的心境,但径山上能留下东坡居士的洗砚池,至少可以证明,苏东坡专程来这座美丽山麓泼墨挥毫、抒发胸臆的次数一定不少。为什么西湖的湖光山色留不住苏东坡的步履,灵隐寺的古刹钟声也叩不开苏东坡的心门,偏偏是杭城郊外的径山和径山寺拽住了这位知府老爷的心?

　　在径山寺喝一杯静心洗心的茶,仰望蓝天上怡然平和的云,忽然就觉得方才在东坡洗砚池百思不得其解的答案,其实就书写在蓝天白云之上,用心寻找,一切就恍然大悟了。

　　不用向天问云,如何留住那片蓝,只需告诉自己: 把心放下,随处安然。

去山里看海

文·苏沧桑

这里的每一朵莲，至死都保持着盛放的姿势。

深秋的径山，径山寺所在的径山。一壶鹅黄色的香莲茶递给我们一行七人第一声问候。我想起多年前第一次见它时的情景："透过玻璃壶底，我们与莲面面相觑。片片花瓣，比宣纸更薄，更透，更淡。细软如珊瑚的白色花茎花蕊，随着水的微流齐齐摇曳。一朵莲，仿佛一条绝世独立、自在游弋的鱼。"

午后的阳光照进枯败的荷塘，大部分用来做种的莲藕已经被起出来，去海南过冬了；到了春天，会被运回来，再种下去。最后几朵不动声色盛开着的莲，紫色的，黄色的，与这个叫千花里的地方所有的花卉一样，淡定而诱人。我们努力牢记着那些陌生的花名，比如粉黛乱子草，比如醉蝶香，瞬间又遗忘，又去问。如同人到中年，穿梭在所谓的重要场合中，努力记住重要的面孔和名字，转身又忘了，记住的总是一些无用的感觉、

味道。

在荷塘水面的反光里，我想象那些莲藕种子，带着泥土，圆滚滚地倾泻进千里之外同样大小的荷塘，安静如一群离开母体的胚胎，蜷缩进临时胚胎管。冬天过后，它们回到母体，春分时节抽出第一枚新叶，新叶在水里亭亭玉立，蜻蜓在新叶尖尖角上亭亭玉立，像诗里写的那样。接着，它们开出了绝美的一朵莲，两朵莲……然后，它们被一双手、两双手采下，送进机器，烘干，定格，保持了最美的颜色和姿态。最后，在一注热水里，它们活过来，盛放如初开，释放被定格的所有部分，成为此时此刻我们七个人眼前的这七杯香莲茶。

这是径山递给我们的第一道茶。空灵，绝伦。

径山递给我们的第二道茶，叫"水丹青"。黄昏时分，五分之四轮月亮俯照着径山脚下一个叫"径茶"的地方，一位未施脂粉、一身铁锈红微旧中式对襟衫的女孩，为我们分茶。没有音乐，没有絮叨，她慢慢地、默默地做着茶，仿佛忘记了我们七个人正眼巴巴盯着，等她把一小盏抹茶分给我们。但她用茶筅搅动茶沫时，速度极快，手机都无法捕捉。最后，她拈起一枚新牙签，在茶碗里作起了画，一枝梅树，两只飞鸟。大家都说，第一次见。

"水丹青"，是古代茶道的一种，自宋代由径山传到日本，又传了回来，让我想起那些辗转千里的莲花种子。我问她，每天都有表演吗?

　　她说,不是表演,是切磋交流,以茶会友。越好的"水丹青"消失得越慢。

　　晚餐时,我共起身三次,舍下无比美味的农家菜,去看隔壁茶桌上那碗"水丹青",淡了没有,消失了没有。趁四下无人,我拿起牙签,学着她的样子,蘸上深色抹茶,在画上加点梅花。第一下,没有点上,第二下,有了。我点了七下,为每一个人,不知道为什么。

　　后来她说,你把屋檐也点成了一树梅花的样子。哦,原来那是屋檐。

　　向来对一切博大精深、繁复精细心怀敬意,有时又会想,世间万物,原都有属于它们自己的日子,我们人,是否介入得太深了?对于茶道,我懒,便不太喜欢那种正襟危坐、煞有介事,不如一个玻璃杯、一把茶叶、一壶热水,随便一靠、一躺,多简单自在。径山茶道尤其是国家级非物质文化遗产"径山茶宴"起源于唐朝,盛行于宋元时期,具有禅文化、茶文化、礼仪文化等多方面价值,有张茶榜、击茶鼓、恭请入堂、礼茶敬佛、煎汤点茶、备盏分茶、说偈吃茶、谢茶退堂等十数道仪式程序,想想都繁复得要命。而此时此刻,径山茶道因为一个朴素的女孩、一群相投的文友、大半轮月亮、我偷偷点上去的梅花,却有一种可亲近之感,觉得它与你是不隔的——它像天空那么深,像大

海那么大，但它离你很近。

两道茶之后，我想，任何领域都藏着千山万水，没有深入，你便永远不解它的美，而介入太深又不好，怎么办呢？

第三道茶，海拔近八百米，耗能一碗稀饭一个小馒头一个鸡蛋十几粒山核桃肉，以及爬山时的微喘、微汗；耗时爬山一个半小时，以及等待径山寺一位年轻法师用斋后迎向我们的五分钟。终于，他坐定，我们也坐定。

唐玄宗天宝元年（742），江苏昆山高僧法钦遵师嘱"乘流而行，遇径即止"，行脚至径山，于喝石岩畔结庐修行，是为径山禅脉开山之祖。南宋嘉定年间，径山寺被钦定为江南五山十刹之首（五山，即宁波天童山的景德寺、宁波阿育王山的广利寺、杭州灵隐山的灵隐寺、杭州径山的兴圣万寿寺、杭州南屏山的净慈寺），并日渐成为儒释道三家精神融汇之处，源远流长。此刻，我们坐在法钦、宗杲、无准、紫柏等大德僧人坐过的地方，坐在日本名僧俊芿、圆尔辨圆、无本觉心、南浦绍明等坐过的地方，坐在"茶圣"陆羽、苏东坡、李清照、徐文长、吴昌硕等坐过的地方。坐在瓶子里开着三朵茶花的屋檐下，仿佛坐在云海之下、竹海之上。

苏东坡与径山有着不解之缘，他临终前作的最后一首诗，就是《答径山琳长老》，参透生死、物我两忘的他两日后便驾鹤西去。他一定很爱径山茶，但他喜欢绿茶，还是和我此刻一样，更愿意紧紧捧住一盏红茶的暖意，去抵挡人间的寒凉？

我问眼前为我们泡茶的年轻出家人，是否去过很多庙宇，为什么在这里落脚，有什么不同。

他说，也没有去过特别多的地方，但这里静。

他说话时，语调很静，正往茶盏里续着的茶水也如他的语调，没有一丝一毫晃动。

我低下头，盯着他刚刚为我续的那盏茶，看到的是一道牵山绕水、缠古绕今、海一样宽广深邃的茶。

海，是心海。

从径山寺一路逛到千岱山居时，天阴了下来。在云雾渐起、翠竹环绕的巨大露台上，大家高低错落地拍了一张合影，两男五女，春祥、伍斌、袁敏、鲁敏、向黎、陆梅、沧桑，取名"七闲图"，以作分手后的念想。

径山绿茶在一个通透的玻璃杯里，收拢了整个山林，影影绰绰的，让我想起去年春天，也是五女两男——母亲、舅妈、姨妈、姐姐和我，父亲和他的学生，在极富人文气息的村庄"山里"，也这样错落有致地坐在一个巨大的露台上喝茶，也这样错落有致地拍了合影。那个叫"山里"的地方，能俯瞰浩瀚的东海，万亩盐田，还有比海平面更远的远方，那里有来自五湖四海的音乐人聚拢而成的"放牛班"，以"山里"为家，创作、演奏、唱歌，看萤火虫，看一整条银河从海平面冉冉升起。

那个春天前更早的深秋，我回家乡待了十天，刻意体验了一次故乡的"劳作"——我十八岁离开家乡前和离开家乡后均未做过的事情：和渔民们一起剥虾，补渔网，烧土灶，挖红薯，酿桂花酒，做番薯圆，我还想出海捕海鲜、晒盐。

这所谓的"寻根之路"，让我不由想，家乡还有多少人在从事着古老的劳作呢？如果不离开家乡，作为一个女子，我的人生本来应该是什么样子呢？大概是这样吧：到海涂上捡海螺蛳、抓弹涂鱼、剥虾，不会半小时手指就发白；在海岸边补网，时时向着海平线眺望，右手穿网孔，左手用拇指压住网丝不让它逃掉，穿孔两次，锁住，把重叠的部分展开，周而复始，而不会织了两眼网就手痛；还会在太阳下山后，用小铲铲下晒在簟席上的鱿鱼干，然后一个人或一家人吃晚饭，饭后在灯下继续补网。我应该会有一个皮肤黝黑、酒量惊人的丈夫，他们叫他"酒雕""酒缸""酒棺材"，或者"酒刹"。只要没有遭遇不幸，日子虽苦也甜。

但我现在是什么样子呢？一个在城市生活浸淫了三十年的女子，笑容里还有最初的一丝纯真和羞涩吗？我们像不像繁复茶道里的那一盏茶，永远失去了最初的野性和自由？

在老家的沙滩上，躺着一条老死的野狗，看上去很可怜，但我想，至少它没有被去势、没有被豢养，并老死在自己的家乡，而漂泊的人常常如落叶般扭曲，不知最终会落在哪里。人本来

○○○○

应该是什么样子？径山的每一朵莲花，至死都被定格为盛放的姿势，的确绝美，而人非莲花，还是自然地开放，自然地枯萎，像火一样慢慢暗下去，最后熄灭在土里好吧？

那一晚，我们住在径山稻田中央的一幢民房里。稻田刚刚收割完，斜阳与它相视而笑，如两位老人。夜深了，茶凉了，民房的主人回家了，狗不叫了，围坐在并未生火的炉前的一行七人互道晚安，鱼贯上楼。我自国外回来后整整两个月的失眠，终于沦陷在大海般浩瀚的稻秆子气味里。

陆之羽泉

文·陆春祥

鸿渐于陆，其羽可用为仪。

1

公元733年深秋，唐朝复州，竟陵（今湖北天门）西郊，有一座小石桥，龙盖寺智积禅师正好路过于此。桥下，一群鸿雁，哀鸣阵阵，禅师顺眼望去，一个肉团团，好像是孩子！走近再看，果然，是冻得瑟瑟的男婴，立即抱回寺中抚养。这男孩，好不容易养到八岁，禅师煞费苦心为他取名，拿来《易经》一卜，得"渐"卦：鸿渐于陆，其羽可用为仪。什么意思呢？鸿是巨鸟，渐是飞翔，陆是大地，巨鸟从陆地起飞，它的羽翼翩跹而整齐，四方皆为通途！这是上上卦啊，就用这个吧。孩子，你以后，姓陆，名羽，字鸿渐。

从此，中国，不，世界，一位著名的茶人诞生了！

智积禅师，唐代著名高僧，他懂茶，也煮得一手好茶。小陆羽在寺院得到了良好的教育，识文断句，且自幼吃茶煮茶研茶，耳濡目染，茶的因子深深浸入骨髓。

2

公元755年冬，狡猾的安禄山，在唐玄宗醉生梦死中，终于积聚够了反叛的力量，撕下了杨贵妃干儿子的假面具，带着他的少数民族联合大军向长安浩荡而来。

唐玄宗急忙往西跑，自然，文艺青年陆羽，也要跑。陆羽这一跑，如同他的名和字，巨鸿一路自由翱翔，在南中国的山水绿树间，寻好茶，寻好水，调查田野，采制品评。江南，是陆羽《茶经》生长的肥沃土壤。

我们来看看他在江南的日常片段：

上元初，结庐于苕溪之湄，闭关对书，不杂非类，名僧高士，谈宴永日。常扁舟往来山寺，随身惟纱巾、藤鞋、短褐、犊鼻。往往独行野中，诵佛经，吟古诗，杖击林木，手弄流水，夷犹徘徊，自曙达暮，至日黑兴尽，号泣而归。故楚人相谓，陆子盖今之接舆也。

陆羽的日常生活，还是让人羡慕的：

高兴了，可以会名僧，见高士，吃酒要吃一整天。不高兴了，闭门吟古诗，诵佛经。当然，他常常着草鞋短衣，出现在山林田野中，他要去寻野茶寻流水。用竹杖敲敲茶树，他就知道茶树的生长年份，甚至茶叶的质地；用手撩拨一下流水，他就知道水的甜香甘洌。这样的野外生活，他可以从早到晚，常常是天黑下来了，才依依不舍地回家。有的时候，他还会号啕大哭，村人以为他是个狂人。谁知道他为什么哭？一般人当然不知道！在陆羽眼里，山这么绿，水这么清，我在天地间，自由纵横，我不是没心没肺，我是正常的情绪发泄，哭和笑一样，都是表达。当然，想起动乱的国家，离乱的百姓，我还是心酸的！

苕溪，分东苕和西苕，流经浙江的临安、余杭、德清，最后都流入太湖。唐李肇的《唐国史补》这样说陆羽："羽于江湖称竟陵子，于南越称桑苎翁。"而余杭的径山脚下，就有双溪，此溪合于东苕溪，不远处还有苎山，桑麻遍地。桑苎翁这个自称，我相信得之于余杭。他的江南日常片段，完全真实，因为来自他的自述。

3

清嘉庆版的《余杭县志》卷十说：唐陆鸿渐隐居苕雪，著

《茶经》其地，常用此泉烹茶。品其名次，以为甘洌清香堪与中泠惠泉竟爽。

此泉，就是陆羽泉。

2016 年深秋，我来到了径山脚下的陆羽泉边。

先进一个竹林掩映的院子。左边围墙，也是个碑廊，那些文竹，已经将碑挤得很紧了，人要进去看碑，极不容易，但碑文内容尚可以分辨，都是历代与茶有关的诗词。右边，是一尊陆羽的石雕像，骨挺傲立，目视远山，似乎永远保持着察山观水的姿势。一个小九曲回廊，连接着另一个后院。走进后院，豁然开朗，我直奔左前方的陆羽泉。

嘉庆《余杭县志》引明代嘉靖《余杭县志》云：陆羽泉，广二尺许，深不盈尺，大旱不竭，味极清洌。

我眼前的陆羽泉，整个外围，用数十厘米大小的垒石砌成壶形，壶嘴往下，有四级小台阶，约三分之二的壶肚子是泉池，另三分之一，是个方形的小池，池中有圆口，类似井，估计是过滤池。我没有看到汩汩而出的山泉，泉水很平静，泉池上漂有几片金黄色的银杏细叶，已是深秋，那些银杏开始褪妆。

蹲着近看陆羽泉，泉水清晰映着我的脸。傻想，千年泉池，也映照过陆羽的脸，更不知映照过多少过客的脸；不仅映人脸，还映新月，映满月。我见羽泉多清澈，料羽泉见我应如是。

羽泉边回转身，是一座两层仿古建筑，上书"鸿渐楼"。看

到这几个字，我似乎又看到了年轻的陆羽，充满自信地站在木楼上，他相信，他在完成一项亘古长青的事业！一千多年前，他就在此取水煮茶，研读经书，整理资料，完成了《茶经》的初稿。

在鸿渐楼，我们喝着径山茶，听当地研究专家给我们讲陆羽的《茶经》，讲径山的禅茶。

4

径山，径通天目。

径山禅茶，这要追溯到一个著名和尚，径山寺的法钦高僧。

唐朝天宝元年（742），法钦禅师遵照老师"遇径即止"的教导，到径山顶结庵讲佛。他在径山"手植茶树数株，采以供佛，逾年蔓延山谷，其味鲜芳，特异他产"。法钦显然是径山茶的始祖，他种茶，本用以供佛，不想这茶叶生长极快，这就造福了百姓。虽然有夸张成分，茶树不是水葫芦，不会几何级生长，但山野肥沃，云雾缭绕，日照条件好，生长迅速，也在情理之中。

在中国，可以这样说，饮茶之风首先是在禅僧中流传。参禅需清心寡欲，离尘绝俗，而茶能提神醒脑，明目益思。陆羽的《茶经》一出，再加上释皎然等人的大力提倡，茶道于是大行，王公

○○○○

朝士无不饮者。

到了南宋，径山寺的常住僧众逾三千人，法席极为隆盛，成为天下"五山十刹"之首。大慧宗杲，也是一个划时代的高僧，他带领信徒种茶制茶，大开禅茶之风，将茶会融入禅林生活。

日本的茶道源自禅道，而日本禅宗临济宗的嗣法弟子，大部分都到径山学习过。

对众僧来说，将佛法融于茶汤，草木的精魂，佛法的渊深，实在是一种很好的融合表达。一味禅茶，别无所求。

我们沿着径山古道攀登。

这条千年古道，有不少唐宋遗迹，宋徽宗、高宗、孝宗，都上来过，孝宗还不止一次上径山。拐弯，又拐弯，突然，右边陡坡上出现一大片绿色的茶地，陡陡的，看不到顶，顶上就是蓝天。

在径山寺藏书阁，我们喝到了年轻的圣果法师为我们煮的径山红茶。圣果在静静地冲茶，不时地答一句我们的提问，始终很安静。

在径山阁，晚餐前，一位中年女茶艺师，为我们表演禅茶茶艺。

她的水丹青，让我第一次见识到，抹茶汤还可以作出这等精致的画来。深山藏古寺，风檐角上，两只鸿雁在双双飞翔，这是茶圣陆羽的精灵吗？是，但更是茶的诗，茶的歌。

5

陆羽的《茶经》，在唐朝就已经堪称经典了。

唐代张又新，嫌《茶经》中对水的判断简单，索性详细列举，写了本《煎茶水记》，但他仍然引用列举陆羽评定的全国二十处最适宜煮茶的水源地。

关于煮茶用的水，陆羽（或者他师傅智积禅师），有一个流传得很神奇的故事，说他们的嘴，能尝出是江中水还是江边水。

陆羽的足迹遍布江南。

这二十处地方，我去过庐山、虎丘、扬州、天台山等地，都只是掠过，唯第十九泉，就在我家乡桐庐严子陵钓台处。

桐庐的严陵滩，高树夹岸，飞泉如雪，陆羽在这里发现了一口特别的山泉，晶莹明澈，清冽甘甜，遂命名天下第十九泉。富春江，富春山，严光不顾皇帝同学情，不愿做大官，而宁愿归隐于此，做个悠闲的钓翁，这里的水，自然好。

作家王旭烽，目前任教于浙江农林大学。她曾策划过一个相当有意思的活动——组织学生去全国各地，寻访一千多年前陆羽划定的二十处唐代最佳水源地。学生取水样，写报告，试图将陆羽《茶经》中的水因子延续上。

王旭烽虽是作家，却非常懂茶。她的长篇小说《南方有嘉木》的书名，就取自陆羽《茶经》中之开篇语，并获得了第五届茅盾文学奖。

她告诉我说，茶在中国的悠久历史，世界上没有哪一个国家能比，它已经深深融入我们中华民族的血液中。

6

"山水上，江水中，井水下。其山水，拣乳泉、石池漫流者上"，这种用水标准，我相信，陆羽是无数次反复体验，在长期实践中得出的科学结论。径山峡谷间，那飞流的清冷山泉，一定带给他特别的样本感觉。

煮一壶好茶，当然还要优质的茶叶：野者上，园者次。那些和天地相接，得天地精气，自由生长的野茶，就是佼佼者。径山茶，细条扭结而略带乳白色的峰叶，就是天地间茫茫云雾中生长的野茶。

好水，好茶，煎出了一壶好茶，也成就了一部传承千年的《茶经》。

陆羽，已经凝固成茶的伟大符号，我以为，茶字中间这个人，就是陆羽，在芸芸草木之中，他使中国茶字大大地伫立于世界文化之林。

清芳袭人径山茶

文·周半农

四月末，枝头桑葚初露羞红，枇杷仍绿。过安溪古镇，有东王禅寺，清寂无人。

安溪六十里外有径山寺。余十年前过径山寺，得饮径山茶。今人多识龙井，不知径山茶。径山茶实乃好茶，清甜原味，且价比龙井实惠。径山为天目山支脉。山有二径，东径通余杭城，西径通临安城。沿东径拾级而上五里，便见庄严肃穆径山寺。自寺至峰顶，又五里。

径山虽非名山，径山寺却系名寺。径山寺始建于唐，开山祖师为法钦禅师。法钦禅师手植茶树数株，采以供佛，后至漫山遍岭。径山茶"其味鲜芳，特异他产"（清嘉庆年间《余杭县志》）。北宋翰林学士、茶学专家蔡襄则说，径山茶"清芳袭人"（《茶录》）。

径山自古茶事绵延。中日寺僧把中国禅宗传入日本之时，也

把寺院的茶礼，特别是把径山寺的斗茶、点茶、茶礼、茶宴传入日本。可以说，日本茶道源于中国茶道，而径山寺茶礼，则是日本茶道的直接源头。

其时，还有日本僧人回国时，把径山寺的建盏也带回。这些建盏陆续在日本上层社会流传，并被人称作"天目茶碗"。在日本茶道上，还专门设计有用天目茶碗点茶的一套程序，名为"天目点"。南宋、元时期，流入日本的天目茶碗到底有多少只，至今已无人可知。但有三只品相完美的天目茶碗，被日本列为"国宝"，备受珍视（滕军《径山寺茶礼对日本的影响》）。

今饮径山茶，茶中有禅，茶中见山，清寂缥缈，静气心生。饮径山茶，现在人都用玻璃杯了，不用釉色深暗的建盏，是因宋人之茶与今人不一样。宋时点茶，茶叶是抹茶。"茶少汤多，则云脚散；汤少茶多，则粥面聚。"茶与汤的比例严格，点茶技艺也讲究，"先注汤，调令极匀，又添注之，环回击拂。汤上盏可四分则止，视其面色鲜白，著盏无水痕为绝佳"。

那时点茶、斗茶，比的是点茶的功夫，凭观看而非口感论高下。久不见水痕，则优；水痕先现者，为负。日本名僧荣西宋朝时到中国学习佛法，将茶的所见所闻记录下来，带回日本，后又写了一本茶文化专著《吃茶养生记》。这也是日本的第一本茶书。书中大量记录了宋时人们制茶、喝茶、养生方面的内容。那时喝茶，程序包括将茶叶磨碎，注入热水，用茶筅击拂出泡沫，以及欣赏茶器、品尝茶汤等。这些喝茶的讲究，慢慢沿袭改变，发展成为日本的茶道。

去年十月，我访京都宇治。在世界文化遗产平等院附近，有一条步行街甚是繁华。街上可谓茶铺林立。其中有一家"三星园上林三入"本店，门面低调，远看不过是其中寻常一家。而进入之后，细细寻访，才知道这家店也是传承五百年的老铺。田中第十七代的年轻传人，曾特意到中国待了三年，学习汉文化与茶文化。他负责接待，用中文向我们讲解自家茶的历史。令人惊讶的是，他风趣极了，还讲得一口好段子。

宇治茶极有名。日本有三大名茶：宇治茶、狭山茶、静冈茶。其中静冈茶的产量最大，宇治茶的品质最佳。尤其是宇治产的"玉露"及"抹茶"，在日本堪称第一。几百年来，京都的宇治抹茶成为全日本最高级的抹茶的代名词。而追溯历史，在镰仓时代，明惠上人正是从中国带去茶种，在宇治栽培了日本的第一棵茶树。

日本茶人大多听说过径山寺，并尊之为"茶道祖庭"。他们到中国来，大多要到径山寺去走一走。深山古寺，远客到访，也无须什么客套的话，主客坐了，只是喝茶。